• 호주에 관한 일반적인 지식부터 워킹홀리데이 학생들이 공부, 일, 여행, 영어를 효과적으로 할 수 있게 안내해 준 지침서다.

–**조동호**(비전유학원 대표)

• 초보 호주 어학연수나 여행자들의 걱정을 덜어주는 좋은 지침서다. 이 책은 호주여행과 영어의 세계를 즐겁게 넓혀가는 출발점이 될 수 있을 것이다.

–**김천용**(GoToEng 전화영어 대표)

• 저자를 만나면 배움과 봉사정신에 대한 열정을 느낄 수 있다. 그런 소중하고 알찬 그의 매력들이 글로 옮겨져 표현되었다는 것을 저자의 한 친구로서, 한 팬으로서 기쁘게 느끼고 있다.

–**게이카 히라야마**(롯데 온라인 일본인 기획자, 한국명 김경화)

• 여행은 인생처럼 늘 예상치 못한 삶으로 다가온다. 이 책은 인생의 묘미를 발견한 작은 거인인 저자의 결코 평범하지 않은 호주 에피소드다.

–**오은영**(삼성에버랜드 경영지원실 주임)

• 좋은 책은 좋은 친구로 항상 곁에 두게 된다. 호주에서 생활하고자 하는 많은 분들이 옆에 두고 자주 읽게 되는 좋은 친구가 되었으면 한다.

–**성영제**(NHN Japan 컴퓨터 프로그래머)

• 호주에서 지내면서 잘 정리된 추천할만한 호주 안내책자가 있었으면 하고 바랐는데, 저자의 지난 4년이 성공적으로 마무리되어서 기쁘게 생각한다. 이 책과 함께라면 시행착오를 줄이고 성공적인 워킹홀리데이와 유학시간들이 될 것이다.

–**은옥선**(현지 호주이민 법무사)

• 이 책은 저자가 호주에서 처음부터 혼자 고생하며 획득한 귀중한 경험을 토대로 하였기 때문에, 호주로 떠나는 사람들에게 훌륭한 나침반이 될 수 있을 것이다.

–**고미네 아키라**((주) 코트파 이사)

• 호주에 관심 많은 20대에게 꼭 필요한 책! 돌다리도 두드려보고 건너라는 말이 있듯이 호주를 가기 전에 이 책을 꼭 읽어보면 절대로 손해 보지 않을 것이다.

–**오흥석**(방송작가)

• 이 책을 통해 열정을 가진 사람이 어떤 자세로 어려움을 피하지 않고, 정면으로 돌파해 나가는지를 배울 수 있으리라 생각한다.

–**김진영**(고려대학교 대학생)

호주

혼자 떠나도 괜찮아

호주

혼자 떠나도 괜찮아

오세종 지음

중앙생활사

| PROLOGUE |

Australia Working Holiday

호주에 가려는 목적은 보통 세 가지다. 영어공부, 일 또는 돈, 그리고 여행. 이 가운데 무엇에 도전하고 싶은가? 호주에 가려는 정확한 목적은 무엇인가? 젊어서 영어를 공부하는 것도 경험이다. 힘들게 일하면서 여행하는 것만이 경험은 아니다. 이 세 가지를 동시에 얻기는 쉽지 않다. 하지만 가까이 다가설 수는 있다. 그 방법이 이 책에 있다. '여행하면 성공한다'는 진리를 실제 경험담을 활용하여 하나씩 이야기하고자 한다.

이 책 하나면 도전해볼 만하다!

호주 여행을 성공적으로 하기 위해서는 다음의 네 가지를 꼭 유념해야 한다.

첫째, 영어회화, 지금 당장 시작하라!

'아는 만큼 보인다'는 말이 있다. 영어공부를 하고 떠나라. 호주에 관한 정보는 이 책 하나로 충분하다. 하지만 영어는 하루아침에 되지 않는다. 당장 학원에 등록하든지, 혼자서 하든지 어쨌든 영어공부를 시작하라. 영어를 잘하면 잘할수록 기회가 많다. 같은 상황일 때, 영어를 잘하지 못하는 사람이 한 가지만 경험할 수 있다면, 영어를 어느 정도 하는 사람은 서너 가지 이상 경험할 수 있는 기회가 주어진다. 적어도 외국인 앞에서 떨지 않고 한 문장 한 문장 이야기할 수 있는 능력을 지니고 떠나길 바란다. 영어회화를 공부할 때는 문장을 통째로 외워라. 배운 내용을 이태원 같은 곳에서 외국인에게 바로 사용해봐라. 긴장은 되지만, 흥미와 자신감이 높아져 실력이 향상될 것이다.

둘째, 1년 계획을 세워라!

'출국 전 / 호주 생활 / 귀국 후'처럼 삼등분하여 계획을 세워야 한다. 호주만 갔다 오면 모든 것이 변할 것이라고 착각하지 마라. 호주 생활의 앞뒤 1년 계획을 세우고 출발하기 바란다. 귀국한 뒤 어떻게 하느냐가 호주 생활보다 더 중요하기 때문이다. 귀국할 때 머릿속은 하얗게 된다. 호주에서 배운 영어를 계속 써서 유지하지 않으면 말짱 도루묵이 된다.

셋째, 자신을 믿고 떠나라!

'집 나가면 고생'이다. 세상에 믿을 사람은 아무도 없다. 힘들다고 남에게 의지하려 하지 마라. 세상에 공짜는 없다. 힘든 처지를 알아채고 악마의 손길을 뻗치는 사람이 많다. 한국 사람이 더 무섭다는 말도 있다. 한국 사람이 한국 사람에게 사기를 치는 경우도 많다.

넷째, 작은 것에서도 기쁨을 찾아라!

우울증(melancholia)을 잡아야 한다. 기대가 크면 실망도 큰 법이다. 영어도 잘 안 되는 데다 돈도 없다고 극단적으로 생각하지 마라. 맛없는 음식을 먹어도 감사하고 기뻐하며, 각자 취미를 즐기면서 이겨내야 한다.

호주에 가면, 유혹의 손길이 많다. 나쁜 유혹을 피하기 위해 다음 두 가지는 절대로 하지 말아야 한다.

첫째, 유흥에만 탐닉하지 마라!

안에서 새는 바가지 밖에서도 샌다. 한국에서 PC방, SNS, 노래방, 술 따위를 자기 의지대로 조절하지 못했다면 호주에 정말로 가지 마라. 외화 낭비다. 한국에서 하던 대로 호주에서 똑같이 생활하는 사람이 많다. 그들은 "이렇게 생활하는 것도 경험이죠!"라고 말한다. 이런 것을 아예 하지 말라는 이야기는 아니다. 하지만 이런 것이 주가 되면 안 된다는 이야기다.

둘째, 한국의 MT 문화를 피하라!

아무도 나를 간섭하지 않는다. 자유롭게 생활하기 때문에 MT를 즐기는 일이 많아진다. 저녁까지 술 마시고 다음 날 학교에 못 가는 경우도 많다. 한국에서 직장을 그만두고 호주로 온 31살 누나가 있었다. 그 누나는 학교 출석률보다 한인교회 참석률이 더 높았다.

이 책은 더는 이런 생활을 하지 않게 도와줄 것이다. '청춘의 시간을 소중하게' 보낼 수 있도록 이 책을 읽는 젊은이들이 소중한 시간을 낭비하지 말고 적극적인 자세로 생활하면 좋겠다. 어디서 무엇을 하든 자기 하기 나름이다. 자기 의지에 달려 있다는 말이다.

이 책에 있는 정보를 이용하여, 이 땅의 청춘들이 더 많이 경험하고 무사히 돌아오면 좋겠다. 한국의 젊은이들에게 이 책을 바친다.

CONTENTS

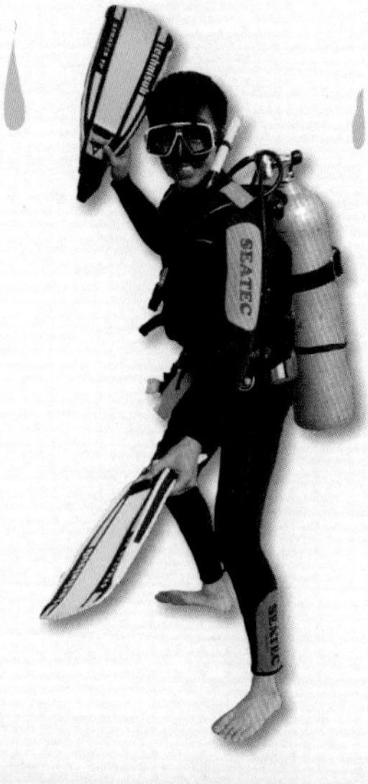

CHAPTER. 01

준비하기

유학 결심하기

Australia Working Holiday

인생의 한 가지 목표를 향해 달려오면서 결과만을 기다렸다. 그러나 사회의 냉정함을 느끼며 꿈이 물거품으로 변해갈 때 임기응변으로 또 다른 길을 선택해야 했다. 나 자신을 찾지 못하고 방황하는 순간 뇌리를 스쳐간 것은 해외 체험이었다. 시야를 한층 더 넓히는 방법으로는 해외 체험이 '도랑 치고 가재 잡는 일'이라고 생각했다.

그런데 큰 부담으로 다가왔다. 비행기라고는 제주 왕복한 것이 전부였고, 국제선 비행기는 한 번도 타보지 않았다. 여권과 비자의 차이점도 모르는 나는 '맨땅에 헤딩'하는 기분이 들었다. 단기간 코스 패키지여행이거나 짧은 유럽 자유여행이 아니라 1년 정도 머물면서 내 청춘의 한때를 보낼 수 있는, 내 인생의 정거장이 될 수 있는 곳을 선택해야 했다. 돌아올 때 후회 없이 보냈다고 말할 수 있게 말이다.

남들은 1년을 아주 짧다고 여길 수도 있지만, 부모님께 의지하지 않고 1년쯤 사는 일이 그리 쉽지만 않다고 생각한다. 해외에 직업, 집, 친구 등이 있다면 그래도 안심이 될 것이다. 그러나 아는 사람도 없고, 나 자신만을 믿고, 혼자서 모든 것을 헤쳐 나가야 하는 상황이기에 더욱 마음이 무거울 수밖에 없었다.

결국 떠나기로 굳게 마음먹었다. 해외로 나가기 전에 필요한 것을 꼼꼼히 준비했다. 준비하는 첫날부터 두 가지 큰 벽을 넘어야만 했다. 돈과 영어는 만리장성처럼 앞을 가로막았다. 경비를 모으기로 결심한 뒤로는 1분 1초가 아깝게 느껴졌다. 집 근처 상가를 "알바 구합니까?" 하면서 날마다 찾아갔다. 그 결과 오○○치킨 집에서 일할 수 있었다.

다른 아르바이트 해봤나?

경력은 풍부합니다.

일 잘하게 생겼는데 내일부터 나올 수 있나?

지금부터 하면 안 되나요?

그래! 옷 갈아입고 와!

네!

두 달쯤 아르바이트해서 항공권 살 돈을 모았다. 일하면서 전 세계 여러 나라 가운데 내가 갈 만한 곳을 정해야 했다. 영어권이고, 최대한 빨리 떠날 수 있으며, 합법적으로 노동할 곳이라는 조건에 맞는 나라는 딱 한 곳, 바로 호주였다.

호주 알고가기

호주의 국토는 우리나라보다 78배쯤 넓다. 호주는 중부에 사막이 있는가 하면, 해안선을 따라 비옥한 목초지와 황금빛 모래사장이 펼쳐져 있고, 북쪽에는 우림과 광활한 평원이 있을 만큼 환경과 기후가 다양한 나라다.

광활한 지역이니만큼 한국과 호주의 시차는 지역에 따라 조금씩 다르다. 남호주, 북부 자치구는 한국 시간보다 30분 빠르며, 뉴사우스웨일스, 퀸즈랜드, 태즈메이니아, 빅토리아 캔버라는 한국 시간보다 한 시간 빠르다. 또, 서호주는 한국 시간보다 한 시간 느리다. 10월 말에서 3월 말 사이에는 'Day Light Saving(일광 절약제)'을 실시하니, 이 점도 유의하도록 한다. 이 제도는 여름에 시계를 한 시간 앞당겨 낮을 많이 이용하는 것이다.

호주는 연방국가로, 여섯 개의 주(State)와 자치 테리토리(Territory) 두 개로 구성되어 있다.

○ 뉴사우스웨일스

뉴사우스웨일스(New South Wales)의 수도는 시드니(Sydney)다. 시드니는 호주 최대 도시로, 1770년 제임스 쿡 선장이 이끄는 탐험대가 시드니 항을 최초로 발견했다. 이후 1788년 최초의 영국 이민선단이 서큘러 키에 상륙하여 이민 역사를 시작한 뒤 점차 대륙의 안쪽을 개척했다. 200년 전만 해도 시드니는 바위투성이의 황량한 들판이었다. 바위를 깨고, 길을 만들고, 교회나 관공서를 세운 것은 영국에서 끌려온 죄수들이었다. 시드니는 그레이트 디바이딩 산맥을 중심으로 해안지역과 서부 평야지대로 나뉘는데, 평야에는 머리, 달링, 머럼비지 강이 흐른다.

○ 오스트레일리아 캐피털 테리토리

오스트레일리아 캐피털 테리토리(Australian Capital Territory)의 수도는 캔버라(Canberra)로, 연방정부의 수도이자 치밀하게 계획해서 만든 도시이다. 매우 여유롭고 한적한 곳으로, 아름다운 산과 계곡으로 둘러싸여 있다. 국회를 비롯하여 오스트레일리아 전쟁기념관, 국립도서관, 국립과학박물관, 국립영화보관소 등 정부의 주요 기관이 몰려 있다.

○ 빅토리아

빅토리아(Victoria)의 수도는 멜버른(Melbourne)이다. 멜버른에는 19세기 영국의 전통과

우아함이 그대로 남아 있다. 호주에서도 가장 다채로운 볼거리를 제공하는 주답게 빅토리아에는 여가활동에 알맞은 장소가 많다. 멜버른 시내에서 한 시간 반 정도 거리인 필립 아일랜드에 가면 세계적으로 유명한 펭귄 퍼레이드를 볼 수 있다. 또, 앨버트 파크에서는 해마다 포뮬러 1 그랑프리 경기를 개최한다. 세계 4대 테니스 대회인 호주 오픈도 이곳에서 열리고, 유명한 경마 대회인 멜버른 컵(Melbourne Cup)도 여기에서 열린다.

○ 웨스턴오스트레일리아

웨스턴오스트레일리아(Western Australia)의 수도는 퍼스(Perth)이다. 남동쪽에 비교적 비옥한 땅을 제외하면 웨스턴오스트레일리아는 대체로 평평한 사막지대이다. 북서쪽에 광대한 광산이 있어 광업이 발달했다. 호주 철광석의 97%가 웨스턴오스트레일리아의 필바라(Pilbara) 지역에서 생산된다. 금의 78%는 캘굴리(Kalgoorlie) 지역에서 생산되는데, 우리나라는 이 지역에서 나는 금을 다량 수입한다. 웨스턴오스트레일리아 북단에 있는 킴벌리 지역의 아가일 광산은 세계 최대 다이아몬드 생산지이다.

○ 노던 테리토리

노던 테리토리(Northern Territory)의 수도는 다윈(Darwin)이다. 원주민 밀집지역인 다윈은 호주 대륙에서 아시아와 가장 가까운 곳이다. 울룰루(에어즈락)와 유엔이 지정한 세계문화유산인 카카두 국립공원(Kakadu National Park)이 있다.

○ 퀸즈랜드

퀸즈랜드(Queensland)의 수도는 브리즈번(Brisbane)이다. 퀸즈랜드는 세계적인 관광지이며, 특히 끝없이 펼쳐진 해안을 끼고 있는 그레이트배리어리프는 빼놓을 수 없는 관광 명소이다. 농업과 광업은 퀸즈랜드 주의 재원 확보에 크게 기여한다.

○ 사우스오스트레일리아

사우스오스트레일리아(South Australia)의 수도는 애들레이드(Adelaide)이다. 호주에서 영국의 죄수를 받지 않은 유일한 주이다. 남동부는 꽤 비옥하며 내륙에는 에어 호와 토런스 호가 있다. 특히 거대한 솔트레이크는 내륙을 흐르는 강들의 배수지 역할을 한다. 애들레이드 주변에는 세계적으로 유명한 포도주 산지가 있으며, 2년에 한 번 애들레이드 축제(Adelaide Festival)가 열린다.

○ **태즈메이니아**

태즈메이니아(Tasmania)의 수도는 호바트(Hobart)다. 호주에서 가장 작고 가장 추운 주이다. 섬의 중앙과 서부에 있는 국립공원의 험준한 경치가 유명하다. 호주의 남극탐험 기지가 있다. 호바트의 동남쪽에 있는 포트 아서(Port Arthur)는 아서 총독이 유형지로 개발한 곳으로, 1877년까지 죄수가 많이 수감되어 있었다. 이러한 배경 때문에 어두운 밤에 관광하며 억울한 수감자들의 이야기를 듣는 귀신관광이 인기를 끌고 있다.

1. 여행정보

- 호주 캠핑 www.camping.com.au
- 댄스사이트 www.dancecentral.com.au
- 호주 기차 노선 www.gsr.com.au
- 호주 여행 사이트 www.travelaus.com.au
- 호주 지역별 지도 www.street-directory.com.au
- 장거리버스(한국어지원) www.greyhound.com.au
- 자동차 구입 www.travellers-autobarn.com
- 자동차 보험과 구입 www.nrma.com.au
- 외국인 워킹홀리데이 관리회사 www.travellers.com.au
  7th Floor, Dymocks Building 428 George Street SYDNEY NSW 2000 AUSTRALIA

2. 지역별 평균기온과 여행정보 사이트

지역	평균기온		여행정보 사이트
	12월(여름)	7월(겨울)	
뉴사우스웨일스	26℃~19℃	18℃~9℃	• 뉴사우스웨일스 정부 사이트 (www.nsw.gov.au)
오스트레일리아 캐피털 테리토리	27℃~12℃	12℃~3℃	• 캔버라 관광청 (www.canberratourism.com.au)
빅토리아	25℃~14℃	15℃~6℃	• 빅토리아 관광청 (www.tourism.vic.gov.au)
웨스턴 오스트레일리아	29℃~17℃	18℃~8℃	• 서호주 관광청 (www.westernaustralia.com)
노던 테리토리	35℃~21℃	20℃~5℃	
퀸즈랜드	29℃~21℃	22℃~10℃	• 퀸즈랜드 관광청 (www.queensland.com) • 퀸즈랜드 종합생활정보사이트 (www.sunbrisbane.com/korean.php) • 퀸즈랜드 비전매거진 (www.qldvision.com.au)
사우스 오스트레일리아	28℃~17℃	16℃~8℃	
태즈메이니아	22℃~11℃	13℃~4℃	• 태즈메이니아 주정부 (www.tas.gov.au)

※여행정보로 호주정부관광청 공식 사이트(www.australia.com)를 이용해도 좋다.

3. 호주 뉴스

• 호주길따라 www.hojugiltara.com

• 호주한국신문 www.koreanherald.com.au

호주 조사하기

Australia Working Holiday

호주는 건강에 문제가 없으면 언제든지 비자를 받을 수 있으며, 영어권 나라 가운데 환율도 낮고, 일도, 여행도, 공부도 할 수 있는 나라이다. 일과 여행, 그리고 공부까지 이 세 가지 조건을 만족시키는 비자가 '워킹홀리데이 비자'였다. 내가 유학을 결심하기 전에는 제출서류가 많았지만 E-visa가 생기면서 모든 것이 인터넷으로 가능해졌다.

큰 장벽이었던 언어를 극복하기 위해, 영어회화를 중심으로 내가 접할 상황을 생각하며 문장 전체를 외우기 시작했다. 예를 들면 공항, 비행기, 은행, 식당에서 사용할 표현이 그것이었다. 또 호주 여행 책으로 정보를 익히면서 1년 계획을 세웠다. 더 많은 정보를 얻으려고 해외이민 · 유학 · 워킹홀리데이 박람회에 참가하였다.

'지피지기면 백전백승'이라는 말을 되새기며 나는 꼼꼼하게 조사하였다. 무려 20개 이상의 유학원과 관광회사를 직접 방문해 정보를 모았다. 그 결과, 대부분의 회사가 고객처지보다는 회사에 유리하도록 되어 있다는 것을 알았다. 그런 와중에 직원을 많이 접하다보니 알짜배기를 찾아낼 수 있었다.

호주 유학을 원하면 국내 유학원보다 현지에 있는 유학원을 통해 학교에 등록하는 것이 비용이 훨씬 덜 든다. 워킹홀리데이 비자는 학생비자보다 입학금 할인 혜택을 더 받는다. 단, 호주는 학비를 유학원을 통해 내는 것이 학교를 직접 방문하여 내는 것보다 싸다.

항공권 가격은 어제와 오늘이 다를 정도로 시시각각 변한다. 혼자 구매하기보다 반짝 공동구매하면 할인 혜택을 더 받을 수 있다. 목적지로 바로 가기보다 경유(transfer)해서 가는 것이 더 싸다. 항공권 예약은 사실 취소 · 변경이 무료이고 여러 번 예약할 수 있다. 비자가 나오는 대로 떠날 사람은 이 방법으로 예약 · 취소를 활용하여 출발 준비를 하면 된다. 항공권 가격은 '체류 기간(3개월, 1년)'과 각 지역의 '공항세'를 합해 계산해야 한다. 여행사는 대부분 항공권 값만 이야기하므로 티켓을 확인할 때 꼼꼼히 물어봐야 한다.

'스톱 오버(Stop Over)'는 경유국까지 여행할 수 있는 혜택이 있지만 그 나라의 비자가 있어야 하며, 항공사에 따라 추가요금을 내야 하기도 하고, 무료 혜택을 받기도 한다. 항공권 가격은 체류 기간에 따라 차이가 있어 '스톱 오버'까지 이용하면 한 번에 두 나라를 여행할 수 있는 특혜가 주어진다. 단, 오고갈 때 한 번만 이용할 수 있다. '스톱 오버' 비용은 항공권을 발권할 때 함께 지불해야 한다. 명심해라. 항공권 발권 후에는 '스톱 오버'를 이용할 수 없다. 나도 호주 여행사와 국내 여행사에 전화하고 찾아가서 사정을 이야기했지만 결국 '스톱 오버'를 이용하지 못했다. 항공권을 살 때는 여러 방면으로 정확하게 견적을 내봐야 한다.

아는 만큼 보이며 모르면 손해 보는 것이 해외여행이다. 인생도 똑같다고 생각한다. 알면 득(得)이 오지만, 모르면 실(失)이 생기게 마련인 것 같다.

TIP-BOX

해외유학 · 이민 박람회(Uhak2min.com)
매년 봄(3월) · 가을(10월) 진행

- 비행기 티켓이나 각종 할인카드를 싸게 받을 수 있다.
- 다양한 부스를 통해 현장 정보를 입수할 수 있다.

서울행사_ 코엑스(COEX)
부산행사_ 벡스코(BEXCO)

호주 비자 쉽게 신청하기

1. 워킹홀리데이 비자

워킹홀리데이 비자(Working Holiday Visa)는 '관광 취업비자'라고도 한다. 여행 기간에 아르바이트해서 여행 경비를 충당함으로써 젊은이의 자립심을 길러주고 현지 문화 적응력을 바탕으로 양국의 이해증진과 문화교류에 목적을 둔 비자이다.

2. 비자의 종류와 특성

종류	체류기간	노동 허용 여부	언어연수 허용 여부	체류연장 여부
워킹홀리데이 비자	최장 1년	24시간 노동권 허용	약 12주(학교마다, 국가마다 다름)	현지에서 다른 비자로 연장 불가능(뉴질랜드 제외)
학생비자	학교등록 기간 + 1개월	호주: 주 20시간 뉴질랜드: 주 15시간	희망기간	학생비자, 관광비자
관광비자	3개월	불법	단기 언어연수 허용	1, 2회 연장 가능

3. 워킹홀리데이 비자 발급 요건

	호주	뉴질랜드
신청나이	만 18세~만 30세	
자격요건	• 신체 건강한 사람	• 온라인 접수 • 신체검사 • 자금증명
출국	비자발급 후 12개월 이내 출국	
취업규정	한 고용주에서 6개월까지	한 고용주에서 3개월까지
어학규정	4개월 이내 (학교마다)	3개월 이내
신청비용	• 비자신청비 (A$190) • 신체검사비 5/12만 원 택일	비자신청비 (NZA$120)
소요시간	1~7주	한 달쯤
지원시기	연중 수시	연 1회/5~6월
모집인원	제한 없음	1,500명
신청방법	온라인(E-Visa)	온라인
홈페이지	주한호주대사관 www.australia.or.kr	주한뉴질랜드대사관 www.nzembassy.com

4. 호주 워킹홀리데이 비자의 특징

- 만 18세에서 30세까지 자녀가 없는 경우 신청할 수 있다.
- 합법적으로 노동권을 보장받으며 현지에서 일할 수 있다.
- 평생 한 번만 발급되며, 비자 발급 이후 1년 이내에 출국해야 한다.
- 체류기간은 호주 입국일로부터 12개월 이내이다(그 1년 동안 농장에서 3개월 일한 경력을 증명하면 1년 더 연장해서 총 2년까지 체류할 수 있다. 3개월 이상 농장에서 일할 계획이 없으면 정확하게 1년이다).
- 한국인은 한국에서만 신청할 수 있다(호주에서 워킹비자를 학생비자로 바꿀 수 없다).

• 관광 또는 학생 비자로 호주 체류경험이 있어도 신청할 수 있다.
• 한 고용주 밑에서 최장 6개월까지 일할 수 있다.
• 체류기간 중 한 학교에서 4개월(17주)까지만 어학연수를 할 수 있다(복수학교 가능).
 - 비자 유효기간에 입 · 출국이 자유로운 복수비자

E-visa 발급 공짜로 하자(호주 워킹홀리데이 비자)

호주 이민성에 접속(연중 24시간 접수 가능)해 번역본을 찾아서 하면 혼자서도 할 수 있다.
www.border.gov.au/trav/visa/Appl/working-holiday

| 꼭! 체크 항목 |

1. 신용카드 미리 준비
   • 호주 A$190(130,000원), 비자 신청을 취소해도 환불되지 않음(2007. 7. 1 이후)
2. 호주에 있는 동안 4주 이상 학교에 다닐 예정입니까?
   • 어학연수를 희망하면 "YES!" (신체검사비 15만 원)
   • 어학연수를 희망하지 않으면 "NO!" (신체검사비 5만 원)
3. 한 번 신청이 완료되면 수정할 수 없으니 잘못된 부분이 없는지 꼼꼼하게 체크할 것
4. 신청확인번호 TRNTransaction Reference Number은 나중에 비자상황을 조회할 때 필요하므로 꼭 메모해둬야 한다.
5. F160 호주비자 신체검사 폼을 다운로드하여 프린트해서 지정병원에 제출
6. E-visa 신청 후 health form 지참하여
   대사관 지정병원에서 검사받는다.

5. 신체검사 지정병원

○ **서울은 당일 검사 가능**

- 종로 하나로 종합건강센터(종로구 인사동 하나로 빌딩 3층: 02-732-3030)
- 신촌 세브란스 병원(서대문구 신촌동: 02-361-6541)
- 가톨릭대학교 의과대학 성모병원(여의도: 02-3779-1114, 02-3779-1521)
- 가톨릭대학교 의과대학 성모병원(강남: 02-590-2900)

○ **부산은 2주 전 예약**

- 부산 침례병원(금정구 남산동 지하철역 옆: 051-580-1313)
- 부산대학교 병원(부산광역시 서구 아미동 1-10: 051-240-7890)
- 신체검사 준비물(여권 또는 여권 사본, 여권사진 3장)
- 어학 4주 이상(신체검사비 15만 원), 어학 4주 미만(신체검사비 5만 원)
- 신체검사 소요 시간: 약 1시간~1시간 30분
- 신체검사 전 유의사항

  ① 검진 전 과식, 과음은 피할 것.

  ② 여성은 생리가 완전히 끝난 다음에 검사받을 것(재검 받는 경우가 많음).

  ③ 안경이나 렌즈를 사용하면 그것을 지참할 것.
- 신체검사 관련 주의사항 : 신체검사를 받고 3주가 경과하여도 본인의 신체검사 결과가 입력되지 않았을 때에는 호주로 이메일을 보내거나(evisa.WHM.helpdesk@immi.gov.au), 주한호주대사관으로 팩스를 보내야 한다(fax 02-720-9932). 보낼 때는 언제, 어느 병원에서 신체검사를 했는지 쓰고 영문이름, 생년월일, TRN 번호를 적어야 한다.
- 신체검사 접수 후 1~2주 이내 비자 발급. 성수기인 2~4월, 7~9월은 한 달 넘게 걸리는 경우도 있다.

| 꼭! 체크 항목 |

신청 후 주의할 점

- 인터넷 비자 신청 후 수정해야 할 때는 호주 이민성으로 메일을 보내 정정을 요구한다.
- 인터넷 비자 신청 때 이름은 여권 이름과 똑같이 기입한다. 특히 생년월일, 여권번호를 주의해서 기재해야 한다. 잘못 기입하면 비자 발급이 늦어질 수 있다.
- 항공권 구입은 반드시 비자 승인을 받은 뒤 하는 것이 좋다(예약만 한다).

6. 호주 각 지역 이민성 위치

인터넷 E-visa 서비스로 워킹홀리데이 비자를 신청한 학생은 호주 각 지역 이민성을 직접 방문하여 비자 라벨을 받아야 한다. 이곳에 가면 비자 라벨을 쉽게 받을 수 있다.

○ **캔버라(Canberra)**

주 소　Level 3, 1 Farrell Place, Canberra City ACT 2601
시 간　월요일~금요일: 오전 9시~오후 4시
　　　수요일: 오전 9시~오후 1시 30분

○ **케언스(Cairns)**

주 소　19 Aplin Street, Cairns
시 간　월요일~금요일: 오전 9시~오후 4시
　　　수요일: 오전 9시~오후 1시 30분

○ **시드니(Sydney)**

주 소　Ground Floor, 26 Lee Street, Sydney NSW
시 간　월요일~금요일: 오전 9시~오후 4시
　　　수요일: 오전 9시~오후 1시 30분

○ **아델라이데**(Adelaide)

주 소　Commonwealth Centre Building Level 4, 55 Currie Street, Adelaide

시 간　월요일~금요일: 오전 9시~오후 4시

수요일: 오전 9시~오후 1시

○ **다윈**(Darwin)

주 소　Pella House 40 Cavenagh Street Darwin

시 간　월요일~금요일: 오전 9시~오후 4시

수요일: 오전 10시~오후 4시

○ **태즈메이니아**(Tasmania, Hobart)

주 소　Level 13, 188 Collins Street, Hobart

시 간　월요일~금요일: 오전 9시~오후 4시

수요일: 오전 10시 30분~오후 4시

○ **브리즈번**(Brisbane)

주 소　Leve1 13, 313 Adelaide Street, Brisbane

시 간　월요일~금요일: 오전 9시~오후 4시

수요일: 오전 9시~오후 1시 30분

○ **멜버른**(Melbourne)

주 소　Ground Floor, Casselden Place 2 Lonsdale Street Melbourne

시 간　월요일~금요일: 오전 9시~오후 4시

수요일: 오전 9시~오후 1시 30분

○ **퍼스**(Perth)

주 소　City Central, 411 Wellington Street, Perth

시 간　월요일~금요일: 오전 9시~오후 4시

수요일: 오전 9시~오후 1시

| 정보 꽁짜로 가져가기 |

Second Visa(세컨드 워킹홀리데이 비자) 신청

- 지정된 농장(Farm)에서 3개월 동안 일한 경력이 있어야 한다. 첫 번째 비자의 만료기간에서 최대 1년이 추가되어 2년짜리 워킹홀리데이 비자를 받을 수 있다. [1263폼 필수]
- 노동 해당지역
  시드니, 뉴캐슬, 울롱공, 센추럴 코스트, 브리즈번, 골드코스트, 퍼스, 멜버른, 캔버라를 제외한 호주 전역
- 1263폼에 농장주의 사인과 날짜, ABN(사업자등록번호)을 받아야 한다. 폼을 받은 뒤에 이민성 사이트에서 신청하면 된다(농장 주소의 우편번호 확인). 증빙서류(Form 1263–Employment Verification)를 제출해야 한다.
  Form 1263–Employment Verification(추가자료)

항공권 알아보기

출국 날짜를 정하면 티켓을 예약해야 한다. 비자 유무와 상관없이 예약할 수 있다. 출국 날짜가 정확하지 않으면 여러 여행사에 가능한 날을 모두 예약해놓는 것이 좋다. 출국 3일 전에 예약확인을 하지 않으면 자동 취소된다. 또는 여행사에서 출국날짜가 가까워져 티케팅 여부를 물어올 때 취소하면 된다. 항공권은 6월 초(대략 15일)까지는 비수기로 싸다.

항공권 예약할 때 주의사항

- 가고자 하는 날짜에 목적지까지 운항하는가?
- 목적지까지 직접 가는가, 아니면 몇 번 갈아타야 하는가?
- 현지 출발 · 도착 시간, 낮에 도착하는가?
- 비행기 탑승시간은 어느 정도인가?
- 항공요금은 적절한가?

항공권 절대로 정가에 사지 마라.

날짜, 항공사, 여행사에 따라 요금편차가 아주 심하다.

- 경유하는 외국 항공사가 싸다. 직항편보다 경유지가 있는 것이 훨씬 싸다(유럽 · 호주는 동남아 경유 노선이 싸다).
- 제한 사항이 많은 것을 사라. 유효기간 제한(1개월 · 3개월 · 6개월 등), 환불 불가, 노선 변경불가 등 제한이 있는 것이 싸다. 구입 전에 반드시 확인한다.
- 비수기를 노려라. 제한사항은 할인항공권마다 다르다. 주말보다는 주중 출발이 싸다. 명절, 휴가시즌(12~1월, 7~8월)이 일반적인 성수기이다.
- 여행사에 따라 가격이 다 다르다. 여러 여행사의 가격을 비교하자.

호주로 떠나는 항공

대한항공(시드니-매일 취항, 브리즈번 - 화 · 목 · 토 취항)

- 제주도 왕복 상당의 마일리지 적립 가능
- 비수기에는 요금이 싸다. 추가요금을 지불하면 시드니-브리즈번 구간의 국내선을 저렴하게 이용할 수 있다.

아시아나항공(시드니-매일 취항)

- 제주도 왕복 상당의 마일리지 적립 가능
- 대한항공에 비해 요금이 싸다. 호주 국내항공인 콴타스항공과 연계성이 좋은 편이다. 최단 시간에 호주에 도착할 수 있다.

콴타스항공(시드니, 멜버른, 브리즈번, 케언즈, 애들레이드-매일 취항)

- 경유지인 홍콩, 도쿄, 오사카를 통해서 호주로 연결되는 단점이 있다. 경유지 환승만 감수하면 호주의 많은 도시로 가장 좋은 스케줄을 이용할 수 있다.
- 시드니~브리즈번, 멜버른~시드니, 케언즈~시드니를 항공으로 이동하여 여행 시간을 단축할 수 있다. 인천~도쿄/인천~오사카 구간에 한해 대한항공, 아시아나 마일리지 적립 가능하다.

일본항공(시드니, 브리즈번, 멜버른, 케언즈-매일 취항)

- 요금이 싸고 스케줄이 좋아 배낭여행자들에게 가장 인기 있는 항공이다. 경유지인 도쿄, 오사카에서 스톱 오버가 가능해 시간 여유가 있으면 일본 여행까지 함께 할 수 있어 일석이조이다. 당일 연결이 안 되는 경우 일본 특급호텔 숙박이 제공된다.

싱가포르항공(브리즈번, 시드니, 멜버른, 퍼스-매일 취항)

- 요금은 비교적 비싼 편이지만 싱가포르 스톱 오버가 가능해 싱가포르 관광과 연계해 일정을 계획할 수 있다.

캐세이퍼시픽(시드니, 브리즈번, 멜버른-매일 취항)

- 경유지 항공편 가운데 비교적 비싼 편이지만 홍콩 스톱 오버가 가능해 홍콩을 관광할 수 있다. 항공권과 호텔이 연계된 캐세이퍼시픽 디스커버리를 이용하면 호텔을 싸게 이용할 수 있다.

스톱 오버로 두 나라 동시에 가기

1. 필리핀-호주 연계항공

• 캐세이퍼시픽항공(CX)

마닐라	스케줄	매일
	호주 취항도시	케언즈, 브리즈번, 시드니, 멜버른, 애들레이드, 퍼스
	참고사항	리턴시 홍콩 스톱 오버 가능
		편도 발권 불가, 출발 후 환불 불가
		발권 후 모든 일정 변경에 A$50 수수료
세부	스케줄	월, 금, 일 출발
	호주 취항도시	케언즈, 브리즈번, 시드니, 멜버른, 애들레이드, 퍼스
	참고사항	리턴시 홍콩 스톱 오버 가능
		편도 발권 불가, 출발 후 환불 불가
		발권 후 모든 일정 변경에 A$50 수수료

• 필리핀 항공(PR)

마닐라	스케줄	매일
	호주 취항도시	시드니, 멜버른
	참고사항	리턴시 마닐라 스톱 오버 가능
		부산 출발 가능, 편도 발권 가능
		시드니, 멜버른 출발일: 화, 금, 토
		마닐라 지역 외 구간은 국내선 구간 구입

예시) 일본-호주 연계항공의 스톱 오버 사용

출국: 한국(공항세) → 일본(공항세: 경유국) → 호주(공항세)

귀국: 호주(공항세) → 일본(공항세: 경유국, '스톱 오버') → 한국(공항세)

항공권 보는 법

01 ISSUED BY 항공사명

02 ENDORSEMENTS 할인 항공권을 구입한 경우 여러 가지 제한 사항
NONRTE : 노선 변경 불가, NON-ENDS : 타 항공사 이용 불가, NON-REF : 요금 반환 불가

03 NAME OF PASSENGER 탑승객의 영문 이름과 성별, 성을 먼저 표기하고 이름을 뒤에 기재하며 성과 이름 사이는 ' / '로 구분한다. 이름 뒤는 TITLE (MR. MS. MRS)

04 FLIGHT COUPON NO 1 최초로 사용될 쿠폰, 즉 승객이 여행하는 도시 구간의 쿠폰임을 나타냄

05 ORIGIN(E) -DESTINATION 최초 출발지와 최종 목적지의 도시명 기재

06 BOOKING REF 승객 연락처 및 예약 기록이 보관된 코드 번호

07 DATE AND PLACE OF ISSUE 항공권 발행 일자와 발행지점

08 X/O 승객이 여정 중 특정 도시 체류 가능 여부를 나타낸다. 도시명 앞에 X 표시가 있으면 해당 도시 체류 불가능함(체류예정이 없음)을 의미하며, O 표시나 아무런 표시가 없는 경우는 체류 가능함을 나타냄

09 FROM 최초 출발 도시명

10 TO 이후 순차적으로 이어지는 여행 목적지 도시명

11 CARRIER 항공사명으로 영문 약자 2글자로 표기. 대한항공은 KE, 아시아나는 OZ, 에어캐나다는 AC, 필리핀항공은 PR, 세부퍼시픽은 5J, 중화항공은 CI

12 FLIGHT 항공기 편명

13 CL 좌석등급(Class) 표시. F(First Class), C(Business Class), Y(Economy Class) 등. 이 외에도 클래스별로 세분화되어 있다.

14 DATE 출발 일자

15 TIME 출발 시각

16 STATUS 승객의 예약 상태. 일반적으로 예약이 확인돼 있으면 OK, 대기자 명단에 있으면 RQ로 표기

17 FARE BASIS 적용된 항공 요금의 종류를 표기한다. 할인 항공권의 경우 여행 시작일부터 유효기간 표시

18 NOT VALID BEFORE 여행을 시작할 수 있는 날짜

19 NOT VALID AFTER 여행 종료기간 표시. 이 난에 적힌 날짜가 곧 항공권의 유효기간

20 ALLOW 화물허용기준. 20kg까지 허용

21 FARE 지불한 화폐단위와 항공요금

22 EQUIV FARE 원화로 환산한 항공요금

23 TAX 총요금에 대한 세금 표시

24 TOTAL 항공요금과 세금의 합산액(할인요금이 적용된 항공권에는 기재하지 않음)

25 FARE CALCULATION 요금이 어떻게 산출되었는지 알려주는 난

26 FORM OF PAYMENT 요금지불수단 표시. 현금이나 여행자수표일 경우 CASH, 신용카드로 지불했을 경우 CC

27 DATE AND PLACE OF ORIGINAL ISSUE 항공권 분실, 유효기간 연장 등으로 재발행한 항공권의 경우 최초 발행된 항공권의 번호, 발행 장소, 발행 일자 등 표시

28 SERIAL NUMBER 항공권 발행(고유) 번호

출처_www.iedutour.co.kr

계획을 세우자

Australia
Working Holiday

출발 전에 유학 관련 인터넷 카페 정모에 참석했다. 카페 운영진이 프린트물을 나눠주며 유학정보와 비자받는 법 등을 설명했다. 설명이 끝난 뒤 나는 질문을 퍼부었다.

"핸드폰은 어떤 게 좋아요?"

"지불은 어떻게 하죠?"

"집은 어떻게 찾아야 하나요?"

카페 운영자는 웃음을 지으며 말했다.

"모두 호주에 가서 하면 돼요. 그러나 계획은 세워서 가야 해요."

'뭐야……. 다 가서 하라면서 계획은 잘 세우라니 모순 아냐? 이렇게 성의 없는 답변을 하다니. 참가비 만 원이 아깝다.'

이렇게 생각하며 경험자들에게 마지막으로 이렇게 물었다.

"아쉬운 점이나 안타까운 일이 있었다면 무엇인가요?"

"다시 간다면 무엇을 하고 싶으세요?"

이 질문에 대한 대답은 비슷하게 나오게 마련이다. 이 질문의 답을 알고 준비하면 같은 오류를 범하지 않을 거라고 생각했다.

경험자들은 이렇게 말했다.

"1년 동안 아무것도 한 게 없는 것 같아요."

"영어공부를 많이 못했어요."

결국 세부적인 계획을 바탕으로 하나씩 실천해야 한다는 결론을 내렸다. '사공이 많으면 배가 산으로 간다'는 말처럼 여기저기에서 정보를 많이 수집하다보면 오히려 판단이 흐려진다. 자신의 목적에 맞는 정보를 수집해야 한다. 준비기간이 길어질수록 더 혼란에 빠질 수도 있다.

일단, 장기 목표와 세부 목표를 나눠서 세워야 한다. 최종 목표 키워드는 영어를 배우고, 일해서 돈을 벌고, 여행을 통해 사람을 만나는 경험을 쌓는 것으로 결정했다. 이 3가지 목표를 모두 달성하기 위해서는 어떻게 해야 할지를 고민했다.

성공 키워드는 'EJT'다. How to study English, Working(=Job), Travel의 약자이다. 영어, 일(돈), 여행을 한 번에 잡을 수 있는 장기 계획과 세부 계획을 세우는 것이다. 본인이 출발해서 귀국할 때가 정해졌다면, 그 안에서 2~3개월씩 구분하여 목표를 실행하는 것이다. 예를 들면, 1년 중에서 1~3개월은 영어공부를 한다. 4~6개월은 일을 한다. 7~9개월은 여행을 한다. 오전에 영어공부를 하고, 오후에는 일을 하여 돈을 벌 수 있다면, 그 이후에는 여행을 할 수 있다는 것이다.

나는 영어공부를 오전 9시에서 오후 3시까지 하고, 6시부터는 식당일을 했기 때문에 6개월 동안 공부와 일을 겸하면서 생활할 수 있었다. 영어실력과 돈이 함께 쌓이는 기간이었다. 그리고 귀국 1~2개월 전에는 여행을 다니면서 우프 생활(농장 체험)을 통해 현지인들과 함께 살아갈 수 있었었다.

호주 생활은 아는 만큼 보인다. 다양한 정보와 계획을 세워서 일, 주, 월, 분기 단위로 실천해야 영어, 일(돈), 여행을 함께 잡을 수 있는 성공적인 생활을 할 수 있다.

| 일 · 영어 · 여행을 하기 위한 연간 계획을 세우자 |

	3월 · 4월 · 5월	6월 · 7월 · 8월	9월 · 10월 · 11월	12월
① 일	→ 오후에는 일을 통해 경험과 돈을 쌓는다			
② 영어	오전에는 영어학원을 통해 영어 실력 높이기 (일반회화 → 비즈니스영어 → 테솔 · 텍솔로 단계별 영어 레벨 높이기			
③ 여행			↔ 2개월 동안 여행 장소와 해야할 일 정해서 순차적으로 실천하기	

호주 축제 일정

※ 날짜와 행사는 해마다 변경될 수 있다.

- **뉴사우스웨일스 관광청** www.visitnsw.com.au
- **달링 하버** www.darlingharbour.com

1월 축제

- **시드니 축제**(Sydney Festival)_ 호주의 가장 큰 문화 예술 축제. 새해에 시드니 항구에서 불꽃놀이로 시작된다. www.sydneyfestival.org.au
- **오픈 테니스 챔피언십경기**(Australian Open Tennis Championships)_ 호주에서 열리는 규모가 가장 큰 국민적인 스포츠 행사이다. www.ausopen.org
- **호주 건국일 마라톤**(Fun Run/Marathon: Australian Day Fun Run)_ 빅토리아 주 멜버른 www.australiaday.com.au

2월 축제

- **퍼스 국제 예술 축제**(Perth International Arts Festival)_ 세계의 문화를 다양하게 보여준다. 각종 이벤트와 전시회가 무료로 제공된다. www.perthfestival.com.au
- **시드니게이&레즈비언축제**(Sydney Gay & Lesbian Mardi Gras)_ 세계 동성연애자들의 연중행사 중 가장 중요한 이벤트이다. www.mardigras.org.au

3월 축제

- **멜버른 뭄바 축제**(Melbourne Moomba Festival)_ 뭄바 축제는 역동적이고 흥미로운 문화와 스포츠가 함께하는 축제이다. www.melbournemoombafestival.com.au
- **애들레이드 축제**(Adelaide Festival)

• **멜버른 패션축제**

4월 축제

• **앤잭데이 기념 행진**(Anzac Day Commemoration March)_ 앤잭은 'Australian & NewZealand Army Corps'을 줄인 말이다. www.awm.gov.au/commemoration/anzac
• **멜버른 국제꽃박람회**(The Melbourne International Flower & Garden Show)_ 1천여 종의 꽃과 300개의 출품작이 전시된다. www.melbflowershow.com.au
• **멜버른 국제 코미디 축제**
• **타가 태즈메이니아 자동차 경주**(Targa Tasmania) www.targa.org.au

5월 축제

• **워남불 승마 축제**(Warrnambool May Racing Carnival) www.warrnamboolracing.com.au
• 게이 **여행_ 환상 무도회**(Gay Travel: Fantasy Ball)-빅토리아 주(게이축제)
• **벤디고 재즈 축제**(Bendigo Jazz Festival)_ 빅토리아 주 www.bendigo.vic.gov.au

6월 축제

• **맨리-시드니의 음식과 와인 축제**(A Taste of Manly) www.manly.nsw.gov.au/foodandwine
• **브리즈번 프라이드 페스티벌**(Brisbane Pride Festival)_ 게이 · 레즈비언 축제
• **시드니 필름 페스티벌**(Sydney Film Festival) www.sydneyfilmfestival.org
• **퍼스 국제영화제**(Revelation Perth International Film Festival) www.revelationfilmfest.org/index.cfm
• **킴벌리 음식 학교**(4th Annual Kimberley Cooking School) www.farawaybay.com.au

7월 축제

- **로열 다윈 쇼**(Royal Darwin Show) www.darwinfestival.org.au
- **앨리스 스프링스에서 열리는 낙타 컵 대회**(Alice Springs Lion Camel Cup)
- **멜버른 국제영화제**(Melbourne International Film Festival)
  www.melbournefilmfestival.com.au

8월 축제

- **와인 오스트레일리아 축제**(Wine Australia)_ 2년에 한 번씩 열리는 이 행사는 뉴사우스웨일스 주에서 가장 큰 와인축제 www.wineaustralia2002.com
- **로열 애들레이드 쇼**(Royal Adelaide Show) www.adelaideshowground.com.au

9월 축제

- **누사 재즈 페스티벌**(Noosa Jazz Festival)_ 레포츠의 천국 퀸즈랜드 주 선샤인코스트 북부에 위치한 휴양도시 누사(Noosa)에서 열린다. www.noosajazz.com.au
- **플로리에이드 축제**(Floriade)_ 꽃의 제전 플로리에이드가 열린다.
  www.floriadeaustralia.com
- **로열 멜버른 쇼**(Royal Melbourne Show) www.royalshow.com.au

10월 축제

- **멜버른 축제**(Melbourne Festival)_ 멋진 차로 세계 최고의 드라이빙 코스를 달린다.
  www.melbournefestival.com.au
- **쿨린 말달리기 경주**(Kulin Bush Races) www.kulin.wa.gov.au
- **골드러시 축제**(Gold Rush Festival) www.goldrush.org.au

11월 축제

- **멜버른 컵 경마대회**(Melbourne Cup)_ 매년 11월 첫째 화요일에 3,200m 장거리 경주를 벌인다. www.vrc.net.au/mcc
- **에퀴타나 아시아 퍼시픽**(Equitana Asia-Pacific)_ 말에 관한 모든 것을 볼 수 있다. www.equitana.com.au
- **프리맨틀 축제**(Festival Frementle) www.freofocus.com/things2c/html/freo_festival.cfm
- **클래식 애들레이드**(Classic Adelaide)_ 자동차 쇼 www.classicadelaide.com.au

12월 축제

- **요트대회와 새해 전야 축제** www.cyca.com.au

챙겨가자

Australia
Working Holiday

호주의 병원비는 혼자 감당하기 힘들 만큼 비싸다. 이 점을 유의하여 단기보험과 장기보험을 잘 구분해 혼동 없이 여행자 보험에 꼭 가입하기 바란다. 살다 보면 긴급 상황이 언제, 어디서 발생할지 아무도 예측할 수 없다.

한 남학생이 호주에서 생활한 지 3개월이 지났을 때 갑자기 맹장이 터졌다. 가까운 병원을 찾아 수술하여 완쾌되었지만 수술비가 문제였다. 다행히 그 학생은 여행자 보험에 들었기에 수술비 절반 이상을 환급받았다.

내 플랫메이트(roommate) 후배인 한 여학생과 저녁식사를 하며 이런 이야기를 나누었다.

"호주에 처음 오니까 어때요?"

"아, 전 호주에 두 번째 왔어요. 1개월 정도 살다가 한국으로 돌아갔죠."

"아니, 왜요?"

"신장에 작은 혹이 생겨 수술하러 갔다 왔죠. 처음에는 조금 아프다가 10분 뒤면 괜찮고, 그러다 또 아프고 하는 고통이 반복되었어요. 1주일쯤 되었을 때 한국인이 하는 병원에 갔는데 의사가 신장에 혹이 있다며 빨리 수술하라고 하더라고요."

"왜 호주에서 수술하지 않았어요?"

"타국에서 혼자 수술받기가 무섭고 겁이 나서 바로 한국으로 돌아갔죠! 그래도 제가 여행자 보험에 가입했고, 엄마가 가입해둔 보험 덕분에 왕복항공권, 수술비 등 여러 혜택을 받았죠. '설마 무슨 일 있겠어. 가진 것은 건강한 몸뿐인데……' 하며 보험 안 들고 나오려고 했는데 부모님이 보험 없이는 안 보낸다고 하셔서 어쩔 수 없이 가입했어요. 그런데 이런 일이 생길 줄 누가 알았겠어요?"

이 사례는 일이 잘 풀린 경우이다. 내 경우는 좀 달랐다. 내가 가입한 장기 유학생(워킹홀리데이) 보험은 분실한 물건이 아무리 비싸도 보상받을 수 없었다. 핸드폰, 전자사전, 돈, 노트북 등의 손해를 장기간 보상하면 보험사의 손해율이 커지기 때문에 장기 유학생 보험에는 그런 항목이 없다고 했다. 도둑이 들어 잃어버린 물건을 보상받으려고 호주에서 한국 지사로 여러 번 전화했지만, 한 푼도 보상받지 못했다. 구체적인 보험 내용을 확인하지 못한 게 실수였다.

'It is best to prepare for a rainy day(비오는 날을 위해 준비하는 것이 최선이다).'는 속담처럼, 미리미리 궂은날을 준비하면 큰 손실을 예방할 수 있다. '설마 무슨 일이 일어나겠어'라고 안일하게 생각해선 안 된다. 그리고 만일 큰일을 당했다면 당황하지 말고 침착하게 대처하길 바란다. 그것이 더 큰 손실을 예방하는 길이다.

다들 긴장하라! 설마가 사람 잡는다.

TIP-BOX

꼭 필요한 준비물

충전기와 **충전지**(가격도 비싸고 성능도 떨어진다), **소형 카세트라디오**(등하교 때 듣기연습), 여권 분실에 대처하기 위한 **여권사진**(8장), **여권**과 **항공권 복사본**, 일을 구하기 위한 **이력서**(영문, 한글 각각 50부), **국제학생증**, **백패커스카드**, **국제면허증**, **보험증**, **비상약**(감기약, 소화제, 항생연고), **의류**, **속옷**, **모자**(창이 큰 것), **호루라기**(호신용)를 준비한다. 담배나 소주는 현지 한국 교민 사이트에서 사도 된다. **고추장**, **고춧가루**, **멸치**, **김**은 비싸므로 준비해가는 것이 좋다. 자외선이 강하므로 여자는 물론 남자도 **선글라스**와 **선크림**을 꼭 챙겨라. **알람시계**와 안경이 비싸니 **안경**(안경 닦는 수건 포함)을 여분으로 준비하고, **카메라**, **전자사전**, **책가방**을 챙겨라. 나머지는 A$10숍이나 대형 할인마트에서 구입하면 된다.

떠나기 전, 알고가기

신분증과 보험

○ 국제 학생증

- 호주에서 신분증 구실을 하지 못하므로 영향력이 별로 없다. 그러나 영화관이나 박물관 등에서는 할인 혜택이 있다(www.isecard.co.kr).
- 미국에서 만든 것으로 유럽의 일부 지역(바티칸 등)에서는 인정하지 않지만 요즘은 보편적으로 사용된다. 만 26세 미만이면 누구나 받을 수 있다. 학생신분을 철저히 확인하지 않으므로 직장인도 발급받을 수 있다(발급비 15,000원).

○ 국제면허증

- 주소지에 상관없이 전국 어느 면허시험장에서나 받을 수 있으며, 발급 소요시간은 약 30분이다. 본인 접수 시 국내면허증 원본, 여권, 반명함판 컬러사진 1매, 수수료 5,000원

○ 유스호스텔 회원증

- 유스호스텔(Youth Hostel)카드는 백패커스보다 방값이 좀 비싼 편이다. 백패커스보다 체인점 수가 적기 때문에 쓰지 않는 경우도 많다(호주 유스호스텔 연맹: www.yha.com.au).

○ VIP Backpackers Card

- VIP 백패커스 리조트에서는 VIP카드와 제휴한 장소만 매일 A$1~2 정도의 숙박료 할인을 받을 수 있다. 장거리 버스 이용에도 할인 혜택이 있다. 하루 A$10~25. 장기간 머무르면 기간에 따라 할인 혜택을 주는 곳도 있다. (www.backpackers.com.au)
- 장거리 버스(얼마 동안 주에서 다른 주로 이동할 때 이용하는 교통수단)를 이용하거나 여행을 중심으로 계획할 때는 이것이 정말 유용하다.

○ Chubb 보험

- 호주가 한국보다 의료수가가 비싼 점을 감안하여 가입하는 것이 좋다. 워킹홀리데이보

험(1년 보험)이라고 해서 보통 12만~15만 원이다. 이는 최소한의 혜택만 받을 수 있다. 더 큰 혜택을 받으려면 돈을 더 많이 지불해야 한다.

- 해외여행보험은 장기보험(유학생, 워홀, 출장자 등)과 단기보험(여행자)으로 구분된다. 장기보험은 상해, 질병, 즉 신체만을 담보로 병원 치료 실비를 보상한다. 단기보험은 최장 3개월까지 가입 가능하며 연장은 안 된다. 신체, 휴대품 손해배상책임, 항공기납치 담보 항목이 추가 구성된다. 계약증명서, 카드번호, 관계 전화번호를 꼭 챙겨두기 바란다. 상해를 입거나 질병에 걸렸다면 치료 내용과 영수증을 지참했을 때만 보상받을 수 있다.
- 조기 귀국하면 남은 기간만큼 보험료를 환급받을 수 있다(2개월에 약 10%).

최소 초기 자본금

학생비자의 경우(어학비 지급 완료)		워홀비자의 경우	
홈스테이(하숙) 미리 지불 (한 달 비용 선지급)	60~70만 원	셰어(자취)/달 (보증금 포함)	40만 원
초기 정착비 (핸드폰, 잡화구입)	30만 원	초기 정착비 (핸드폰, 잡화구입)	30만 원
처음 한 달간 용돈 (교통비 포함)	25만 원	첫 한 달의 용돈과 식비 (교통비 포함)	30만 원
비상금 (한 달 후 생활할 비용)	100만 원	비상금 (어학, 여행비)	200만 원 (여자는 50만 원 정도 더 준비할 것)
총액(환전 총액)	155만 원	총액	300만 원~350만 원

환전과 환율

- 환전(換錢, money changing: exchange of money) : 주거래 은행에서 하면 좋다. VIP 고객은 할인해준다. 아니면 박람회나 유학원에 가서 환전수수료 우대쿠폰을 챙겨라. 보통 30~50%까지 환전우대를 해준다.
- 환율(換率, exchange rate) : 1국 통화와 타국 통화의 교환비율

예) 호주 달러 살 때 300만 원/780
(A$1=780원) = A$3,846

여행자수표(Travel's Check(TC))

매일 돈을 여행자수표로 바꾸어 안전하게 들고 다닐 수 있다. 환전할 때 여행자수표로 달라고 하면 은행에서 발급해준다. 호주에 도착해서 계좌를 만들고 현금화하여 입금하면 가장 안전하다(계좌를 만들 때만 수수료 공짜). 구입 즉시 우측 상단에 서명해두면 분실하더라도 환급받을 수 있다. Purchase Agreement(구매계약서)는 수표와 별도로 보관하고, 사용수표 기록장에 사용한 여행자수표 번호를 적어두면 신속하게 환급받을 수 있다. 수표에 양쪽 모두 서명하였거나 서명하지 않은 채 분실 또는 도난당하면 환급받을 수 없다. 현지의 상당수 소규모 업소에서는 수수료 때문에 여행자수표를 기피한다.

○ 호주에서 여행자수표 공짜로 바꾸기

환전할 때 여행자수표로 바꾸면 더 싸서 이익이며 안전하다. 그러나 사용하기는 좀 불편하다. 은행에 가서 바꾸면 수수료가 든다.

① 은행 계좌를 만들 때 공짜로 바꿔서 입금한다. 카드를 받기까지 시간이 좀 걸린다. 시드니AMP 타워 지하의 ANZ은행은 계좌를 만든 그날 바로 카드를 준다.
② 아메리칸 익스프레스 수표는 호주 우체국에서 공짜로 바꿔준다.
③ National Bank 계좌를 이용하는 사람은 아무 때나 수수료 없이 바꿔준다.
④ 카지노 환전소에 가면 언제나 공짜로 바꿔준다.

국비 지원 인턴사원 & 호주 이민(영주권)

○ 국비지원 해외 인턴사원 모집(호주)

- 한국산업인력공단(www.worldjob.or.kr): 해외 인턴십
- 한국무역협회(www.kita.net): IT무역 관련 해외 전문인력 양성
- KOTRA(www.kotra.or.kr): 해외시장 개척요원 양성
- (사)한국테크노마트(www.kotm.or.kr): 일본 중견기업 연수, 취업

• 중소기업청(www.changupnet.go.kr): 해외 인턴십
• 차이나둥(www.chinatong.net): 중국 취업
• 한국정보통신인력개발센터(www.ihd.or.kr)

○ 영어 일반 기준

구 분	TOEIC	TOEFL(CBT)	TEPS	IELTS	LATT	PELT	G-TELP
점 수	700 이상	500(180) 이상	526 이상	5.0 이상	60 이상	3급 이상	62 이상

비자와 영주권

○ 호주 비자의 종류

비자 종류는 임시체류가 인정되는 임시비자Temporary Residence Visa, 영주 권리를 지니는 영주비자Permanent Residence Visa, 호주에서 제한적인 법적 자격을 허용하는 기타 비자로 구분된다.

이러한 비자 가운데 호주에서 일반적인 생활(직장, 의료보험, 공립교육 등)에 관한 모든 권리가 보장되는 비자가 바로 영주권permanent residency이다.

○ 영주권의 종류

① 기술이민: 호주 정부가 인정하는 전문기술(직업군)을 갖춘 경우, 기술이민 분야에서 가장 적합한 영주권 옵션을 선택하는 것이다.

② 사업이민: 한국 또는 기타 외국에서 사업체 운영경험과 실적을 갖춘 경우에는 최초 4년 기한의 조건부 사업 비자를 발급받는다. 해당 기간 안에 호주 정부가 인정하는 사업체를 설립, 인수, 공동 경영하여 영주권을 취득한다.

③ 취업이민: 호주에 취업하면 해당 고용주에게 지명받아 영주권을 신청할 수 있다.

④ 가족초청이민: 이민성이 지정한 가족초청 자격을 갖춘 가족이 호주에 거주하면 가능하다.

○ 일반기술이민 - 유학생, 직장 경력자, 대학 졸업생 등 한국에서 받을 수 있는 비자(승인시 점에 한국에 있어야 한다)

(합격 = 120점)

구분	내용	점수
기술 점수 Occupational Qualifications	60점 직업군에 명시된 직업 소유자	60점
	50점 직업군에 명시된 직업 소유자	50점
	40점 직업군에 명시된 직업 소유자	40점
나이 점수 Age Qualifications	신청당시_ 만 나이 18세 ~ 29세	30점
	신청당시_ 만 나이 30세 ~ 34세	25점
	신청당시_ 만 나이 35세 ~ 39세	20점
	신청당시_ 만 나이 40세 ~ 44세	15점
영어 점수 English Language Qualifications	IELTS 각 과목 7.0 이상	25점
	IELTS 각 과목 6.0 이상	15점
	IELTS 각 과목 5.0 이상 (직업군 목록에서 4로 시작되는 직업인 경우)	15점
	IELTS 평균 5.5 (475, 487 비자 신청자의 경우 영어교육비 지불조건)	15점
경력 점수 Specific Employment Qualifications	60점 직업군 신청자가 비자 신청 전 4년 중 3년 이상 그 직종이나 관련 직종에서 일했을 경우	10점
	비자 신청 전 4년 중 3년 이상 이민성 직업군(SOL)상에 있는 직종에서 일했을 경우	5점
호주 경력 점수 Australian Employment Qualifications	호주 내에서 비자 신청 전 4년 중 1년 이상 신청 직종이나 관련 직종에서 일했을 경우	10점
	호주 내에서 비자 신청 전 4년 중 1년 이상 신청 직종이나 관련 직종에서 호주에서 정한 전문가 과정을 수료한 경우	10점
호주 학위 점수 Australian Educational Qualifications	호주 내에서 2년 이상의 Full time 박사 과정을 수료한 경우	25점
	호주 내에서 1년 이상의 학사 과정을 수료하고 1년 이상의 석사 과정이나 우등학사 과정을 수료한 경우(전체 두 과정이 합쳐서 3년 이상이어야 하고 두 과정이 밀접한 연관성이 있어야 함)	15점
	호주 내에서 3년 이상의 우등학사 과정을 수료한 경우	15점
	호주 내에서 2년 이상의 Full time certificate, 디플로마 , 학사 과정을 수료한 경우	5점

부족 직업군 점수 Occupation in demand Qualifications	부족 직업군에 속하고 4년 중 1년 이상 그 직종이나 관련 직종에 종사했고 지난 2년 동안 항상 10명 이상의 Full time 고용인을 유지한 회사의 고용 계약을 받은 경우	20점
	부족 직업군에 속하고 4년 중 1년 이상 그 직종이나 관련 직종에 종사했던 경우	15점
지정 언어 점수 Designated Language Qualifications (한국어 포함)	지정 언어로 강의한 학사 과정을 수료한 경우나 지정 언어 NATTI 3급 보유자인 경우	5점
저밀도 지역 유학 점수 Study in regional Australia Qualifications	호주 이민성 정부가 지정하는 저밀도 지역 내에서 2년 이상 거주 및 공부한 유학생의 경우	5점
배우자 기술 점수 Partner Skill Qualifications	배우자의 학력 및 기술, 영어, 연령 등이 독립이민의 기본조건을 만족할 경우(주신청자와 마찬가지로 자격을 평가받아야 함)	5점
주정부 후원 점수 State/Territory Nomination Qualifications	176, 475, 487, 886 비자를 신청했고 주정부로부터 스폰서십을 받을 경우	10점
지정지역 후원 점수 Designated Area Sponsorship Qualifications	475, 487 비자를 신청했고 지정지역 친척으로부터 스폰서십을 받을 경우	25점

경력이 없을 때는 호주 현지에서 전문직업 기술군에 속한 전공과목을 이수하면 학교졸업 증명으로 경력을 대체할 수 있다. 컴퓨터(Information Technology), 회계(Accounting), 간호사(Nursing), 미용사(Hairdressing), 조리(Cookery or Chef) 등을 최소 2년 이상 공부해서 Certificate(졸업장)를 받으면 된다.

호주 뉴스

- 호주길따라 : www.hojugiltara.com
- 호주한국신문 : www.koreanherald.com.au

○ **신문**

주마다 발행되는 신문이 다르다. 뉴사우스웨일스 주에서는 'Sydney Moring Herald', 빅토리아 주에서는 'The Age'라는 신문이 최고 발행부수를 자랑한다.

- 시드니 모닝 헤럴드 : www.smh.com.au
- The Age : www.theage.com.au
- 뉴스닷컴 : www.news.com.au
- The West Australian : www.thewest.com.au

○ **텔레비전**

공영방송인 ABC, 상업방송인 채널 7, 채널 9, 채널 10 그리고 다민족 특별방송인 SBS까지 5개 상설 공중파 방송이 있다. 각 주와 지역마다 방송 내용이 조금씩 다르다. 채널 SBS에서는 한국어 뉴스와 영화 등을 정기적으로 방송한다.

- ABC방송 : www.abc.net.au
- 야후TV : au.tv.yahoo.com
- TENplay : tenplay.com.au
- 호주SBS : www.sbs.com.au

세계의 방송은 wwitv(wwitv.com)에서 시청한다.

○ **라디오**

한국어 방송-SBS Radio(AM-1386Hz), 시드니 우리말 방송(FM-98.5)

○ **전기와 전압**

전압은 한국과 달리 240/250, AC50Hz이다. 전기 소켓은 3핀 방식이어서 한국에서 가져오는 전기도구에는 어댑터 소켓이 필요하다. 소켓은 한국의 전기용품점이나 호주의 슈퍼마켓에서 구할 수 있다. 한국에서 전기제품을 가져가 어댑터 소켓을 끼워 사용하면 전기제품의 수명이 짧아질 수도 있으며, 전압이 다르면 변압기를 쓰면 된다.

CHAPTER. 02

·적응하기·

출발하다

Australia
Working Holiday

드디어 호주로 떠나는 날.

"다녀오겠습니다. 건강하세요."

"돈 부족하면 꼭 이야기하고 정신 바짝 차려라!"

"아침에는 우유나 차가운 음식을 먹지 마라!"

자식을 처음 외국으로 보내는 부모님은 걱정이 많으셨다. 앞날이 어떻게 될지 모르는 내 마음도 더욱 무거웠다.

일본으로 향하는 비행기에 탑승하면서 불안함을 감출 수 없었다. 비행기 좌석에 앉자마자 영문으로 된 안전수칙을 읽었다. 벨트와 마스크 착용법, 비상사태 호출법 등을 꼼꼼하게 읽었다. 비행기가 이륙했다. 귀가 먹먹해지는 항공성중이염(aerotitis)이 찾아왔다. 코를 잡고 코를 풀듯이 숨을 내쉬었다. 물을 마시며 민트 껌을 씹으니 몸

상태가 한결 좋아졌다. 비행기에 관한 호기심이 발동했다. 비행기 구석구석 돌아다니면서 만져보고 물어보았다.

"이것은 뭐예요?"

"주스 주나요?"

"와인 주나요?"

나리타공항에 도착했지만 갈아타기 위해 다섯 시간을 기다려야 했다. 지루함을 달래려고 'Tokdo is Corean Territory!(독도는 한국영토다!)'라는 글이 씌어 있는 흰 티셔츠를 입고 돌아다녔다. 독도 문제로 한국과 일본의 분쟁이 고조되었을 때였다. 일본인에게 열심히 말을 걸었다.

"제 사진 좀 찍어주세요."

"독도에 관해 어떻게 생각하세요?"

독도 분쟁은 한국 국민과 일본 정부의 싸움이었다. 일본인들은 독도에 대해서는 신경조차 쓰지 않았다.

다섯 시간을 기다려 호주행 비행기를 탔다. 비행시간이 10시간이나 되니 잠을 청하라며 기내 불을 모두 껐다. 호주는 겨울이 오는 시기였다. 틈틈이 빈 좌석이 보였다. 편안하게 누워서 자는 사람들도 보였다. 너무 오래 앉아 있다 보니 뻐근해서 돌아다녔다. 붉은 태양과 하얀 구름 사이로 천국의 문이 열리는 것처럼 보였다. 새로운 인생길로 들어가는 관문으로 느껴졌다. 빨간 지붕이 쭉 보였다.

"모두 앉으세요. 벨트를 매세요. 착륙하겠습니다."

스튜어디스의 안내방송을 들으며 시드니공항에 무사히 착륙했다. 짐을 찾고 공항 문을 나서니 팻말을 들고 있는 여러 인종의 사람이 보였다.

"안녕! 잘 지냈어?"

저마다 포옹하고 웃으면서 인사를 나누었다. 영화 '러브 액추얼리(Love Actually)'의 첫 장면이 떠올랐다. 내 가슴에는 쌀쌀한 바람만 불었다. 나를 반겨주는 사람은 아무도 없었다.

나는 지낼 곳 없는 해외 노숙자였다!

TIP-BOX

첫날 일정

8:00~9:00	시드니공항에서 내려 시티로 가는 전철 타기
9:00~11:00	숙소를 찾아 짐 풀기
11:00~12:00	ANZ은행에 가서 계좌를 만들고 입금하기(주소는 유학원 주소로 한다)
12:00~13:00	점심식사
13:00~15:00	핸드폰 구입하기
15:00~18:00	돌아다니며 이력서(Resume) 뿌리기
18:00~19:00	저녁식사
19:00~20:00	인터넷으로 셰어 알아보기

호주 출국신고서

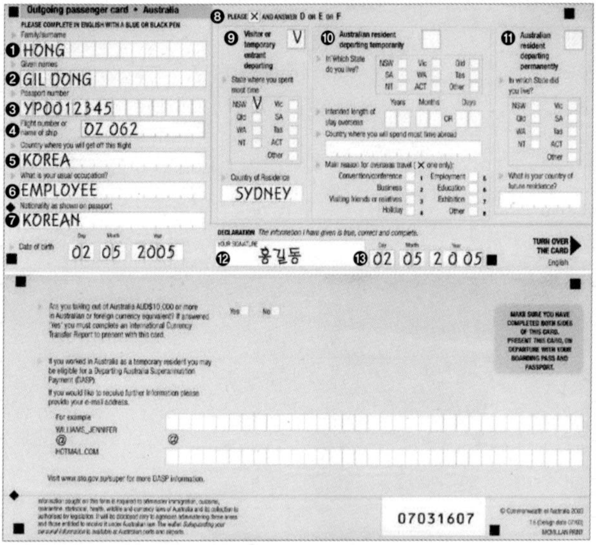
Outgoing passenger card • Australia
PLEASE COMPLETE IN ENGLISH WITH A BLUE OR BLACK PEN
Family/surname
❶ HONG
Given names
❷ GIL DONG
Passport number
❸ YP0012345
Flight number or name of ship
❹ OZ 062
Country where you will get off this flight
❺ KOREA
What is your usual occupation?
❻ EMPLOYEE
Nationality as shown on passport
❼ KOREAN
Date of birth Day Month Year 02 05 2005

❽ PLEASE X AND ANSWER D or E or F
❾ Visitor or temporary entrant departing V
State where you spent most time
NSW V Vic Qld SA WA Tas NT ACT Other
Country of Residence
SYDNEY
❿ Australian resident departing temporarily
In which State do you live?
NSW Vic Qld SA WA Tas NT ACT Other
Intended length of stay overseas Years Months OR Days
Country where you will spend most time abroad
Main reason for overseas travel (X one only):
Convention/conference 1 Employment 5
Business 2 Education 6
Visiting friends or relatives 3 Exhibition 7
Holiday 4 Other 8
⓫ Australian resident departing permanently
In which State did you live?
NSW Vic Qld SA WA Tas NT ACT Other
What is your country of future residence?

DECLARATION The information I have given is true, correct and complete.
YOUR SIGNATURE
⓬ 홍길동
Day Month Year
⓭ 02 05 2005
TURN OVER THE CARD
English

Are you taking out of Australia AUD$10,000 or more in Australian or foreign currency equivalent? If answered 'Yes' you must complete an International Currency Transfer Report to present with this card. Yes No

If you worked in Australia as a temporary resident you may be eligible for a Departing Australia Superannuation Payment (DASP).
If you would like to receive further information please provide your e-mail address.
For example
WILLIAMS_JENNIFER
@
HOTMAIL.COM
@
Visit www.ato.gov.au/super for more DASP information.

MAKE SURE YOU HAVE COMPLETED BOTH SIDES OF THIS CARD. PRESENT THIS CARD, ON DEPARTURE WITH YOUR BOARDING PASS AND PASSPORT.

07031607
© Commonwealth of Australia 2003

01 **Family/surname** : 성(예: OH)

02 **Given names**: 이름(예: SE JONG)

03 **Passport number**: 여권번호(예: JR2980296)

04 **Flight number or name of ship**: 출국할 때 항공편(예: OZ 062)

05 **Country where you will get off this flight**: 출국 이후 다음 목적지 (예: KOREA)

06 **What is your usual occupation?**: 직업(예: STUDENT)

07 **Nationality as shown on passport**: 여권상의 국적(예: KOREAN)

08 **신고서 우측**: 다음은 해당 항목에 X표시 후 항목별 질문에 기술하면 된다.

09 **D 항목**: 관광 또는 다음 목적지로 가기 위해 잠깐 머물렀던 경우

- City or State where you spent most time: 주 체류 지역(예: SYDNEY)

10 **E 항목:** 호주인(거주)으로 잠깐 출국하는 경우(현지인이 출국하는 경우)

- In which State do you live?: 사는 곳(호주 내 주 이름)
- Intended length of stay overseas: 출국 기간(○○년 ○○개월 또는 ○○일)
- Country where you will spend most time abroad: 주 방문국(국가명)
- Main reason for overseas travel: 여행 목적

11 **F 항목:** 호주인(거주)으로 영구 출국하는 경우(현지인이 출국하는 경우)

- In which State did you live?: 살았던 곳(호주 내 주 이름)
- What is your country of future resident?: 이주할 나라명

12 **신고서 하단:** 서명란 YOUR SIGNATOURE: 서명

13 **DAY MONTH YEAR:** ○○일 ○○월 ○○년

경유지와 비행기에서 쓰는 영단어

- Transit: 비행기는 그대로이고 사람이 30분~1시간 동안 내렸다가 타는 것. 보통 큰 짐은 그대로 두고 귀중품만 가지고 내렸다가 탄다.
- Transfer: 비행기를 갈아타는 것. 보통 2~4시간 정도 소요된다. 짐은 첫 출발 공항에서 목적지까지 보내면 된다.
- ATA(Actual time of arrival): 비행기가 실제로 도착하는 시간
- ADT(Actual time of departure): 비행기가 실제로 출발하는 시간
- GMT(Greenwich Mean Time, 그리니치 표준시): 영국 그리니치천문대를 통하는 자오선의 시각을 세계 공통의 표준시각으로 한 것. 항공기 운항이나 항공관제에 통상적으로 GMT를 사용한다. Z(주르)로 표시한다.
- Boarding(출국수속): 예약한 항공회사의 체크인 카운터에 항공권을 제시하고 탑승권(Boarding pass)으로 바꾸는 절차. 카운터에 여권, 항공권과 짐을 제시하면 해당 여행 항공권을 뜯어내고 탑승권과 남은 항공권, 도착지에서 짐을 찾을 수 있는 꼬리표를 준다.
- EMBARKATION/DISEMBARKTION ICAO(출입신고서): 출입국할 때 꼭 기입해서 제출해야 하는 서식. 국가에 따라 신고서의 크기, 양식 등이 다를 수 있으며 공항에서 탑승 수속할 때나 도착 전 기내에서 받을 수 있다.

공항에서 시내까지 교통안내

※ 애들레이드 국제공항

- **거리:** 시티 센터에서 약 7킬로미터
- **택시:** To city centre A$15/15~20mins
- **버스:** 셔틀버스가 주중에는 30분에 1대, 주말에는 한 시간에 1대씩 있음 (Tel 08 8381 5311). 요금은 어른 A$7.50, 어린이 A$3.50 정도

※ 앨리스스프링TM

- **거리:** 14킬로미터. South of Town
- **택시:** A$20/15mins to Town Centre
- **버스:** Airport Shuttle Bus. Tel 1800 62 11 88 or 8953 0310
  - 아침 7시부터 저녁 9시까지 운행
  - 요금은 A$9.90, Family ticket(up to 5 pax) A$27.50
- **렌트카:** Neil's Private Hire Tel 0419 535 584

※ 브리즈번

- **거리:** 12킬로미터. NE of the City
- **택시:** A$30/25mins
- **버스:** 스카이트랜스 버스(Skytrans Bus). Tel 08 3236 1000, 공항에서 브리즈번 트랜짓 센터(Roma St. 브리즈번 시티센터에서 약 500m 떨어짐)
- **운행횟수:** 30분에 한 대, 오전 5시~저녁 8시 30분까지 운행하며 요금은 A$9/ 20mins
- **에어포터**(Airporter)**:** Tel 08 5588 8777 브리즈번공항에서 골드코스트까지 운행. 요금은 A$29
- **요금:** 브리즈번공항-시티: 어른 A$9, 어린이(5~14세) A$4.50, Group(any 4persons

travelling together) A$22

※ **골드코스트공항**

- **거리:** 19킬로미터. S of Surfers Paradise
- **버스:** 코치트랜스(Coachtrans). Tel 07 5588 8747
  요금은 서퍼스 페러다이스 A$9, 메인비치 A$10

※ **케언즈**

- **거리:** 9킬로미터. N of Cairns
- **택시:** A$12/10 mins to Town
- **버스:** Australia Coach Shuttle Bus(Tel 07 4031 3555)
  요금은 A$4.50

※ **캔버라**

- **거리:** 7킬로미터. SE of the City
- **택시:** A$16~18
- Canberra Cabs 13 22 27/02 6285 1848 www.cancabs.com.au,
- Queanbeyan Taxi Co-Op Ltd 13 2211/02 6297 3000
- **버스:** 에어라이너(The Airliner) 셔틀버스가 월~금 1시간 간격으로 운행.
  요금은 A$5. Tel 02 6299 3722

※ **멜버른**

- **거리:** 23킬로미터. NW of the City

- **택시:** A$35~40
- **버스:** 스카이버스 Tel 03 9335 3066, 30분마다 24시간 운행.
  요금은 A$13/25mins

※ **퍼스**

- **거리:** 12킬로미터. NE of the City
- **택시:** 국제터미널에서 A$28, 국내터미널에서 A$21
- **버스:** Feature Tours(Tel 08 9479 4131) 국제터미널에서 A$11, 국내터미널에서 A$8.80. 국제선에서 국내선으로 이동 A$5.50. A Shuttle service(+61 8 9335 1614 or Interstate 1300 668 687) to Fremantle is also available

※ **다윈**

- **거리:** 12킬로미터. NE of the City
- **택시:** A$20~25/10~20mins to City Centre
- **버스:** Airport Shuttle Bus(Tel 8941 5000), 요금은 A$8

※ **호바트**

- **거리:** 16킬로미터. E of the City
- **택시:** A$25
- **버스:** 레드라인버스 요금은 A$6.60

호주에서 은행가기

Australia Working Holiday

주변에 돈을 노리는 사람이 많다. 그러니 공항에서 시내로 나오면 은행에 먼저 가라. 호주에 입국한 지 6주가 지나면 여권 이외의 사진이 붙은 다른 신분증이나 보증인을 요구한다. 그러므로 입국 즉시 은행에서 계좌를 개설하는 것이 좋다.

호주의 주요 은행으로는 Commonwealth, WESTPAC, ANZ, National Bank 등이 있다. 보통 입출금이 자유로운 저축예금계좌(Saving Account)를 만들지만 이자율이 높은 적금식 통장도 함께 만들면 좋다. 기간은 6개월 이상으로 하며 입금만 해놓으면 돈을 모을 수 있다.

은행계좌를 개설하려면 신분증, 현지주소, 전화번호가 있어야 한다. 이때 현지 유학원 주소나 집주소를 적으면 된다.

"I would like to open bank account(은행계좌를 개설하고 싶습니다)."

이렇게만 말해도 알아서 해준다. 요즘은 한국인이 많이 찾아가기 때문에 영문과 한글로 된 안내서를 보여주면서 설명해준다. 한국인은 상상하는 것 이상 빠르게 정착한다.

카드 발급에는 1~2주 걸리므로 2주쯤 사용할 돈(방 A$500+핸드폰 A$150+식비 A$100)을 남기고 저축한다.

카드 혜택 두 가지 옵션 가운데 하나를 선택해야 한다. 가장 괜찮은 옵션은 "한 달에 여섯 번까지는 무료로 사용하지만 그 이상 사용하면 수수료가 있다. 은행 텔러를 이용하면 수수료가 2달러 50센트다. 매달 내는 비용은 없다"이다.

현금카드(Key Card)는 같은 은행의 현금인출기(ATM, Automatic Teller Machine)에서 입출금할 때 사용한다. 하루 최고 A$1,000까지 인출할 수 있다.

은행 카드에는 두 가지 옵션이 있다.

첫 번째 옵션은 학생증이 필요하다. 학교에 다니면 학교에서 학생증을 주는데, 이때 본인이 원하는 만큼 다른 부담이나 수수료 없이 ATM을 사용할 수 있다. 단 본인이 개설한 은행카드로 다른 은행의 ATM을 사용하면 별도 수수료 1달러 50센트가 붙으므로 되도록이면 본인이 개설한 은행의 기계를 이용하는 것이 좋다.

두 번째 옵션은 학생증이 없을 때 만든다. 한 달에 여섯 번까지는 무료이지만 그 이상 사용하면 수수료가 붙는다. 은행 텔러를 이용하면 수수료가 2달러 50센트 붙는다. 매달 내는 요금(charge)은 없다.

학교에 바로 다니지 않는데 첫 번째 옵션을 사용하고 싶으면 은행 직원에게 '1주 후에 학교를 다닐 예정'이라고 한다. 그러면 은행직원이 한 달 여유기간을 두고 첫 번째 옵션으로 할 수 있게 해준다. 한 달 안에 학생증을 가지고 은행을 방문하면 된다. 한 달 안에 학교에 다니지 않는다면 그때 가서 두 번째 옵션으로 바꿀 수 있다.

'Security Code'는 카드를 잃어버리거나 전화로 현재잔액을 물어볼 때 사용하는 단어이므로 반드시 기억해야 한다. 지갑을 잃어버리더라도 이 단어와 여권으로 손쉽게 재발급 받을 수 있다. 기억하기 쉽게 동물 이름이나 가족 이름으로 지으면 좋다.

TIP-BOX

은행 업무 시간

월~목요일(9:30~16:00), 금요일(9:00~17:00)

현금인출기(ATM) 사용법

PIN(Personal Identification Number) 넘버를 눌러야 한다. 'Saving Account'를 선택한 후 현금을 찾으려면 'Withdrawl' 버튼, 잔액 조회는 'Account Balance' 버튼을 누르면 된다. 잠시 기다리면 버저소리와 함께 카드가 나오는데, 카드를 빼면 스크린 밑에 조그만 문이 열리면서 해당 금액과 거래내역서가 나온다.

※ 주의 사항

비밀번호를 3~5차례 잘못 입력하면 카드를 사용할 수 없다.
귀국하거나 장기간 호주를 떠나 있을 때는 계좌를 해지하는 것이 좋다.

집을 구하자

Australia
Working Holiday

호주의 겨울과 새벽은 매우 춥다. 침낭을 꼭 챙겨가는 게 좋다. 내가 도착한 4월 초, 호주는 가을 날씨였다. 주택 형태의 집에서 이불 없이 잠자리에 들었다가 새벽녘에 너무 추워 몇 번이나 깼다. 집을 구할 때는 이불, 담요, 난방기구(Heating) 유무를 꼭 체크하기 바란다. 이런 것들이 없는 경우가 많은데, 이때 자기가 장만해야 한다. 아파트 또한 춥기는 마찬가지다.

한국에서 출발하기 전에 인터넷으로 집을 예약하는 사람도 있다. 하지만 백패커스에서 2~3일 동안 지내면서 집을 찾아보는 것이 좋다. 한국 교민사이트, 학교 게시판, 토요일 신문에서 찾으면 된다.

나는 도착한 지 3일째 되는 날, 10개가 넘는 방을 직접 들여다보면서 싼 집A$50을 찾았다. 고심 끝에 고른 집에 집주인의 일이 끝난 늦

은 저녁에나 들어갈 수 있었다. 집 문제가 해결되면 마음이 한결 가벼워질 거라 생각했지만, 잠이 오지 않았다. 집은 깨끗했지만 세탁기가 고장 나 2주일 동안 손빨래를 해야 했고, 침대가 없어 큰 매트리스를 플랫메이트이자 집주인 회사 직원과 둘이 사용해야 했다. 거실 전구도 10개 가운데 절반만 불이 들어왔다. 이런 불편함을 집주인도 알았지만 같이 살지 않기 때문에 아랑곳하지 않았다. 이삿짐센터를 운영하는 집주인은 "바꿔줄게, 곧 바꿔줄게" 하면서 2주일 동안 집에 들어오지 않았다.

"이 집은 남들이 이사할 때 버린 물건 가운데 깨끗한 것을 골라 창고처럼 쌓아두려고 렌트한 것이야"라고 플랫메이트가 알려주었다. 결국 짐만 들여놓기에 아까우니까 우리에게 빌려준 것이다.

3주가 지날 때쯤 갑자기 살림살이다운 물건이 많이 들어왔다. 한국인 가족이 다른 주로 이사한다고 싸게 내놓은 가구를 집주인이 다 산 것이다.

"긍정적으로 생각하자. 이제부터 손빨래 끝! 시간을 절약하며 살 수 있겠다!"

싼 맛에 덜컥 빌렸다가 한동안 고생이었다.

역시 집이 편해야 마음이 편안하다.

숙박의 유형과 방법

※ **홈스테이**(Homestay Acommodation) : 호주인 가정의 일원으로 숙박, 식사, 세탁까지도 제공받는다. 저녁식사를 못 하거나 외박할 때는 꼭 허락을 받아야 한다.

숙박비는 식사 포함해서 1주일에 A$200~230 정도로 비싼 편이다. 이사할 때는 2주 전에 반드시 주인에게 통보해야 한다. 2주 전에 주인에게 통보하지 않으면 벌금을 내기도 한다. 주인이 다음 민박 학생을 물색하는 데 충분한 시간을 주어야 하기 때문이다.

- **장점:** 영어를 사용하며 호주 문화를 체험할 수 있다.
- **단점:** 가격이 비싸다. 생활에 제약이 있다(음식, 행동 방식).

Check!!

- 주로 아침과 저녁 식사를 함께한다. 점심 식사(도시락)를 챙겨주는지 꼭 확인하라!
- 아침밥을 그대로 싸주거나 없는 경우가 많다.
- 영어를 배우고 호주의 문화를 알려면 주인이 호주 사람인지 확인하라. 여러 인종이 혼합된 국가여서 여러 나라에서 온 사람이 많이 살고 있다.
- 교통편(집과 학교, 학교와 시티)이 어떤지 확인하라.

※ **셰어**(Share House Acommodation) : 단지 방만 빌려 독립생활을 하는 것이다. 주방 물건은 같이 사용할 수 있지만, 각종 음식이나 휴지까지도 서로 구분해서 사용해야 한다. 시티 지역은 1주일에 A$100~140, 외곽은 A$70~110이다.
주로 시티에서 주인이 한국 사람이면 '거실룸', '선룸'이라는 방을 만들어 6~9명까지 함께 생활한다.

- **거실룸(Living Room) :** 거실의 절반을 커튼으로 가리고 침대를 놓아 방처럼 만들었다.
- **선룸(Sun Room) :** 베란다에 만든 방이다. 창문에 커튼을 달고 침대를 놓았다. 여름이나 점심때는 햇볕이 너무 뜨거워 쉬기 힘들다. 잠만 잔다면 추천한다.
- **장점:** 독립적이며 자유롭다. 값이 싸고 기본 설비는 공동 이용하여 경제적이다.
- **단점:** 화장실과 소음문제. 한국의 MT문화에 휩쓸려 폐인이 될 수 있다.

Check!!

- 보증금(Bond=deposit: 주당 방값 × 2~4주)과 2주일치 방값을 미리 내야 한다.
- 키의 보증금도 확인하라(아파트는 센서키로 보증금을 따로 받는다).
- 도난 사고에 주의하라. 셰어가 자주 바뀌는 집은 키가 쉽게 외부에 노출된다.
- 이사한 지 1주일 만에 전에 살던 셰어생이 들어와서 모든 것을 가져간 사건도 있었다. 그 집의 생활패턴을 알기 때문에 빈 시간을 노린 것이다.
- 화장실 개수와 몇 명이 셰어하는지 반드시 체크한다.

※ **렌트**(Rental Accommodation) : 이동이 잦은 워킹홀리데이 메이커는 렌트를 꺼리는 경향이 있다. 기간은 6개월 단위로 이루어지고, 셰어메이트를 구하면 본전 이상의 이득과 경험을 얻을 수 있다. 렌트는 집을 빌리는 것으로 전세와 같이 6주일 정도의 보증금(Bond=deposit)을 내야 한다. 집을 나올 때는 보증금을 돌려받을 수 있다. 기물을 파손하거나 기간을 채우지 못하고 이사하면 보증금을 다 못 받을 수도 있다. 계약할 때 보증인을 한두 명 요구하는 집도 있다.

처음에는 셰어를 2~3개월 체험한 후 렌트하는 것이 좋다. 집을 임대할 때는 Full Furniture가 아니어도 경매를 통해 가구를 구입하면 중고시장 가격의 반값으로 구할 수 있다. 연립주택(flat)이나 아파트 임대(RENT ROOM, RENT HOUSE) 가격은 위치, 헌집, 새집, 크기, 시설, 경치, 층수에 따라 집세가 다르다. 학교 근처나 시내 중심가일수록 비싸다. 크기에 상관없이 방 수, 경치가 좋은지(바다가 보이면 비싸다. 층수가 높을수록 비싼 경우도 적지 않다) 등에 따라 가격 차이가 난다. Flat에 TV, 가구, 침대가 갖추어져 있으면(furnished flat) 이런 것이 없는 Flatunfurnished flat보다 비싸다.

집은 부동산중개업소를 통해야 얻을 수 있다. 렌트하려면 먼저 부동산중개업소를 방문하여 원하는 집을 구경한다. 마음에 들면 중개업자와 1차 협상한다. 가격을 정한 뒤 임대신청서를 제출하면 중개업자와 건물 주인이 협상한 다음 결과를 통보해준다. 합의가 되면 계약하고 이사하면 된다. 집을 임대할 경우 중개업소가 주인을 대신하여 집을 관리해준다. 아파트를 임대할 때는 보증금으로 4주분 임대료와 2주분 선납임대료를 내야 한다.

ENTRY CONDITION=inspection은 계약하기 전에 집 내부의 흠집을 확인하는 것이다. 퇴거할 때는 전입 때 확인했던 사항과 비교한다. 추가로 흠집이 생겼으면 최초 보증금으로 적립한 부분에서 공제한다. 따라서 집을 이용할 때 조심해야 한다.
Real Estate Agent(부동산 중개업자), To Let(셋집 있음), Lease(임대계약), Accommodation Vacant(공동거주), The Renting Guide(임대 안내) 같은 기본 표현은 미리 알아두자.

Check!!

- 보증금(Bond=deposit: 주당 방값 × 2~4주)과 4주치 방값을 미리 내야 한다.
- ENTRY CONDITION은 정말 조심해서 써야 한다. 나중에 문제가 되지 않게 모든 시설을 체크한다.
- Full Furniture(가구 포함), 난방 시설, 방 개수, 교통편(기차, 버스 등), 슈퍼마켓 등이 근처에 있는지 확인한다.

※ **기숙사**(Boarding House) : 대학교를 정해서 교환학생으로 가면 기숙사에 머물 수 있다. 기숙사는 크게 두 가지 유형이 있다. University Residential College는 기숙사에서 모든 식사를 제공한다. 학업과 기타 복리후생적인 다양한 시설과 서비스를 제공한다.
University Halls of Residence는 자취할 수 있게 되어 있다. 기숙사는 대개 본 과정에 다니는 학생에게 선착순으로 배정하므로 예약해야 한다.

- **장점:** 교통비 절약, 다양한 편의시설 자유 이용, 기본 가구 구비
- **단점:** 기숙사가 제공하는 식사는 1주일에 A$200~250으로 비싸다(호주에서는 주(Weekly) 단위로 대금을 계산한다. 아르바이트(Part-time Job)를 해도 1주일마다 돈을 받는다). 개인 생활이 힘들다.

※ **집 찾기**

- 교민 잡지나 지역신문 등의 광고란(Share Accommodation Section)을 이용한다.
- 학원이나 학교 게시판, 한국식품점, 아파트 게시판, Sydney Morning Herald, The Daily Telegraph에서 찾을 수 있다.

1. 외국인 셰어가 가능한 사이트
    • www.domain.com.au
    • www.flatmates.com.au

2. 한국 교민 사이트
    • www.hojunara.com(시드니)
    • www.sunbrisbane(퀸즈랜드-브리즈번)
    • www.living.net.au(퀸즈랜드-브리즈번)
    • www.dengon.com.au(일본교민-브리즈번)

3. 부동산 사이트
    • www.housing.nsw.gov.au(주택청)
    • www.raywhite.com
    • www.realestate.com.au
    • www.ljhooker.com.au

※ 집을 구할 때 점검할 항목

- **담요:** 개인 담요가 없는 경우가 많다.
- **히터:** 온돌방이 아니므로, 방마다 히터가 없으면 춥다.
- **선풍기:** 여름에는 정말 덥다. 개인 선풍기가 있어야 한다.
- **Bill:** 전기세, 수도세가 포함되어 있는지 확인하자.
- **인터넷:** 인터넷이 가능한 곳인지 알아보자.
- **쌀:** 쌀은 제공되는 곳인지 확인하자.
- **생활용품:** 세제와 휴지가 포함되어 있는가.
- **헬스장:** 헬스장, 짐, 수영장 포함인가.
- **냉장고:** 인원에 맞는 크기인지 보아야 한다.
- **화장실:** 화장실 상태와 개수를 확인하자.

※ **방을 구할 때 쓰는 용어**

1 A$330p.w.: 주당 330달러 렌트 가격
2 14/42 swan avenue: 주소
3 Inspect Sat 11.30-12: 집을 볼 수 있는 요일과 시간 명시
4 Near new 2br apt with a/c: 에어컨이 있는 방 두 개짜리 거의 새 아파트
5 2baths: 욕실 두 개
6 walk to stn: walk to station, 역까지 걸어갈 수 있는 곳
7 Lge: large
8 Unfurn. Apt with sunrm: unfurnished apartment with sunroom, 선룸 있고 가구 없는 아파트
9 Balc: balcony, 발코니
10 Incl. Hot water & elect.: include hot water and electricity
11 Fully furnished: 가구가 다 갖추어진 집
12 Gar: garage 차고
13 Liv/din: living/dining 거실과 식당 있음

1년 계획표 짜기

Australia
Working Holiday

호주 날씨를 지역별로 조사해서 그 지역의 특성을 알아둬야 한다. '경험과 영어, 돈, 여행'을 모두 잡으려면 출국일부터 귀국일까지 세세한 계획이 필요하다. 다달이 계획을 세우면서 틈틈이 여행도 하고 즐겨야 한다. 이번 3개월은 영어만 공부하고, 다음 3개월은 일만 하는 생활은 소용없다. 일과 영어공부는 끊임없이 해야 한다.

단, 직업의 차이는 있다.

어떤 직업을 택하느냐에 따라서 영어실력이 향상되기도 하고 오히려 떨어지기도 한다. 보통 호주에서 직업을 구할 때, 농장으로 일하러 가는 경우가 대부분이다. 땡볕 아래에서 자기가 일한 만큼 돈을 번다. 그러나 의사소통보다는 일에 충실하기 때문에 3개월 동안 배운 영어를 잊어버리는 사람이 많다. 내 생각에는 한 곳에 오래 머물면서 이민자처럼 커뮤니티도 해보는 것이 좋다. 현지인들보다 더 재밌게 그들 안에서 살아보고 다른 주로 옮겨가는 것이 좋을 듯싶다. 이런 즐거움을 얻으려면 구체적으로 계획을 세워야 한다. 양보다 질이라는 사실을 실감하기 바란다.

성공적인 계획은 키워드 'EJT'을 경험하는 것이다. 'EJT'란, How to study English, Working(=Job), Travel의 약자이다. 영어, 일(돈), 여행을 한 번에 잡을 수 있는 장기 계획과 세부 계획을 세우는 것이다. 3가지 목표를 조금 더 세부적으로 이야기하면 이렇게 계획을 세우면 좋다 .

첫째, 영어공부는 General English → Business English → TECSOL → TESOL 순으로 공부하면 좋다. 어느 정도 회화 실력이 되면 인터뷰를 통해 한 단계 수준 높은 반으로 올라가는 재미가 있다. 본인의 영어실력을 점검할 수 있는 계기도 된다. 일반적인 회화에서 한국의 토익과 유사한 비즈니스 영어를 공부한다. 추가로 어린이 영어 선생님이 되기 위한 과정의 TECSOL을 공부하고, 성인을 가르칠 수 있는 TESOL을 공부하여 수료 및 자격증을 획득한다면, 본인만의 이력 항목으로 작성할 수 있다. 보통 한국의 유아교육학과, 영어학과에서 호주의 TECSOL과 TESOL 과정을 수료하거나 자격증을 획득하기 위해서 유학을 오기 때문에 어차피 영어공부를 시작했다면 자격증을 따는 것이 좋다. '언어는 가르칠 때 더욱 많은 것을 배운다.' 8~12명 정도의 인원으로 2~6개월 과정의 TECSOL과 TESOL 과정으로 탄탄한 영어실력을 쌓을 수 있다.

둘째, "나는 외국인 노동자다." 자신이 외국인 노동자라는 것을 명심하면서 다양한 일을 경험하고 인터뷰를 보는 것이 좋다. 자신보다 영어를 더욱 잘하는 현지인들도 있는데 나를 선택할 이유가 없다는 것을 인정하기 바란다. 또한 일할 때 '신뢰'를 줄 수 있도록 해라. 절대 지각하지 말고, 정해진 시간보다 더 도와주려고 노력한다면 좋은 기회가 찾아 올 것이다.

셋째, 여행으로 우프(www.wwoof.com.au) 생활을 적극 추천한다. 나는 돈보다는 현지인처럼 살아가는 방법을 체험해보고 싶어서 우프를 신청했다. 우프는 돈을 받지 않고, 현지 가족처럼 함께 지내는 일이다. 반면, 일반 농장은 가족이 아닌 직원으로 열심히 일하는 것으로 본인의 목표에 따라 결정해서 실천하면 된다.

호주 생활은 아는 만큼 보인다. 다양한 정보와 계획을 세워서 일, 주, 월, 분기 단위로 실천해야 영어, 일(돈), 여행을 함께 잡을 수 있는 성공적인 생활을 할 수 있다.

TIP-BOX

1년 계획표

4월	일자리와 셰어(한 방에서 2~3명과 함께 사용) 구하기, 학교(Language School) 알아보기
5~6월	학교 다니기, 주변 지역 관광, 스쿠버다이빙과 자전거 정보 알아보기
7월	다른 학교가기, 우프(WWOOF)와 봉사활동 알아보기, 자격증 알아보기(마사지)
8월	여행하기, 스쿠버다이빙, 지역 커뮤니티와 농장 정보 알아보기
9월	다른 코스 공부(비즈니스, IELTS), 다른 셰어 알아보기
10~11월	이사, 다른 코스 공부
12월	우프 체험, 다른 주로 이동(여행)

한국 기념품

Australia
Working Holiday

호주는 겨울에는 아침저녁으로 쌀쌀하기 때문에 긴 남방이나 카디건을 들고 다녀야 한다. 일교차가 심하다보니 낮에는 겉옷을 벗어들고 반소매로 다닌다. 이를 모르고 온 다른 나라 사람들이 현지인보다 감기에 걸릴 확률이 더 높다고 한다.

호주의 추위를 극복하기 위해서 나는 기장이 긴 군용 트레이닝 재킷을 잠옷으로 챙겨 갔었는데, 이 옷 덕택에 위험한 고비를 넘긴 에피소드가 있다. 쌀쌀한 6월 어느 날, 추위를 느껴 트레이닝 재킷 상의만 들고 길을 나섰다. 평소대로 일을 마치고 자정쯤 귀가하는 길이었다. 8~10명쯤의 외국 청소년이 길 양쪽을 가득 메우고 서로 장난치면서 이야기하고 있었다. 나는 별로 신경 쓰지 않고 그 사이를 지나갔다. 그런데 가만히 서 있던 그들이 한 명씩 한 명씩 내 걸음 속도에 맞춰 따라오는 것이 느껴졌다. 순간 오싹한 기운이 감돌고, 뇌에서는 극도로 긴장하라는 지령을 내렸을 바로 그때 누군가의 팔이 내 목을 감싸는가 싶더니 그들이 내 주위를 둘러쌌다. 나는 힘을 주며 방어 자세를 취했다. 짧은 시간 안에 어떻게 대처해야 할지 생각했다.

'여기 온 지 3개월밖에 안 됐고, 할 일이 많은데 다치기라도 하면 안 되지' 하는 생각을 하고 있을 때, 그들이 말했다.

안녕! 어느 나라 사람이야?

안녕! 한국인.

나이는?

스물넷, 너는?

오! 그래? 어려 보이는데. 난 열여덟 살. 담배 있니?

없어, 담배 안 핀다.

태권도 할 줄 아니?

물론, 군대에서 배웠지! 이거 볼래?

트레이닝 재킷 등 부분에는 한자로 '海兵隊(해병대)' 세 글자 새겨져 있었고, 용 그림이 크게 그려져 있었다. 나는 이것을 보여주면서 목에 감긴 팔을 풀고 빠져나왔다. 그러고는 기선을 제압하기 위해

거리를 두었다. 동시에 두 주먹을 불끈 쥐고 양팔을 벌리며 공격 자세를 취했다. 한 번에 짧고 굵게 큰 소리로 기합을 넣었다.

"얍!"

길 건너편에 있던 사람들이 쳐다보기 시작했다. 등에서는 식은땀이 줄줄 흘렀지만 내색하지 않았다. 순간 아버지가 늘 말씀하시던 '호랑이에게 끌려가도 정신만 차리면 산다'는 말이 떠올랐다.

여기저기서 "우와!" 하는 소리가 들렸다.

"(겁먹은 목소리로) 야, 야, 그냥 가자."

그러면서 그들은 다른 곳으로 가버렸다. 한자의 뜻은 몰랐어도, 생소한 글자와 그림을 보고 나를 태권도와 쿵푸까지 겸비한 무술 유단자쯤으로 알았던 것 같다. 지금 생각하면 웃음이 나오지만 그때는 엄청나게 긴장했다.

한 후배는 한국의 미(美)를 알리고자 한복을 챙겨갔다. 한복을 우아하게 차려입고 오페라하우스 근처를 돌아다니며 사진을 찍었는데, 마침 호주 기자의 눈에 띄어 지역신문에까지 사진이 실렸다. 남녀 할 것 없이 한복을 챙겨가서 우리 옷을 보여주는 것도 좋은 추억이 된다.

아울러 남들에게 관심을 끌고 싶으면 가족사진, 군 복무시절 사진, 어릴 때 사진, 연예인과 함께 찍은 사진을 보여줘라. 재미있고 신기한 사진은 사람들을 더욱 친해지게 만드는 디딤돌이 된다.

한국을 나타낼 수 있는 기념품을 가지고 가는 것도 좋다. 친구와 헤어질 때나 도움을 준 동료에게 나만의 기념품을 선물하면 서로 오랜 추억으로 간직할 수 있다. 예를 들면 사랑의 열매, 사물놀이 악기, 열쇠고리, 때수건, 배지(badge), 소형 태극기, 도복, 자기 사진 등이 있다.

TIP-BOX

한국 휴대전화 사용하기

휴대전화에 따라서 country lock이 걸려있는 경우가 있다. 최신형 휴대전화는 unlock 상태로 출시된 상품도 많지만 lock이 걸린 경우에는 사용하는 이동통신사 고객센터로 신청하여 해제할 수 있다. 호주에서 심카드를 구입한 뒤 휴대전화에 끼우면 한국에서 쓰던 휴대전화를 호주에서도 사용 가능하다.

파란색 티켓과 갈색 티켓

Australia
Working Holiday

일자리를 구하다가 이탈리아 요리사인 잭(Jack)을 알게 되었다. 얼굴이 까만 그는 삭발했고, 키는 170cm쯤이며, 음악을 좋아했다.

"토요일 저녁에 시티로 놀러 가자."

잭의 권유에 피곤했지만 호기심이 생겨 같이 가기로 했다.

우리는 시드니 시티에 있는 'Three Monkeys'에 갔다. 1, 2층은 바, 3층은 언더그라운드 밴드가 공연하는 곳이었다. 그곳은 입장과 관람이 무료였다. 멋진 공연을 보고 나서 잭은 택시를 타고 떠났고, 나는 440번 버스를 탔다. 파란색 티켓은 가까운 거리의 티켓이며, 조금 더 먼 곳은 갈색 티켓을 이용하는데(Blueup to 2 sections : A$13.60, Brownup to 5 sections : A$23.20), 나는 파란색 티켓을 사용했다.

Central Station을 지나갈 때였다. 앞을 보니 파란색 유니폼을 입은 남자 둘이 버스에 올라탔다. 티켓 검사관이었다. 하나하나 표를 검사하면서 내게 다가왔다. 표를 보여주자 검사관이 물었다.

"어디까지 갑니까?"

"라이카트(Leichhardt)입니다."

"잠시 내리세요!"

당황스런 상황에, 머릿속에는 별의별 생각이 스쳐 지나갔다.

'내가 뭘 잘못했나? 벌금을 내야 하나? 벌금은 얼마지? 영어를 못 알아듣는 것처럼 할까, 아니면 중국인 흉내를 낼까?'

검사관들이 나를 둘러싸면서 말했다.

"여권이나 은행카드를 보여주세요."

"주소를 말씀하세요."

전에 플랫메이트가 이런 상황에서는 영어를 못하는 사람처럼 하거나 중국말을 하라던 생각이 떠올랐다. 그런데 영어를 쓰지 않고 이해도 못 한다면 시간만 지연될 것 같았다. 그래서 어쩔 수 없이 영어로 말했다. 시간만 있었어도 버텼을 텐데…….

"호주에 온 지 10일밖에 안 되었고, 정말 모르고 샀어요. 정말 몰랐어요."

불쌍한 표정으로 하소연했지만 아무 소용없었다.

"이 파란색 티켓은 압수합니다. 다음부터는 갈색 티켓을 이용하세요. 이번에는 벌금 A$100를 물리지 않지만, 다음에는 벌금을 내야 합니다. 조심하세요."

그리고 일주일이 지났을 무렵, 플랫메이트가 편지 한 통을 건네주었다.

"네게 편지 왔어. 호주에 아는 사람이 있는 거야? 부럽다."

"그래? 야호! 외국에서 처음 받아보는 편지야! 누가 보냈을까?"

하지만 편지를 보는 순간 하늘이 노랗게 변했다. 바로 '버스 탑승 경고장'이었다.

외국에서 처음 받은 편지가 경고장이라니 어처구니없었다.

아는 길도 물으면서 다녔지만 방심한 사이에 일이 터진 것이다. 버스에 탈 때 '어디를 갑니다'라고 한마디만 했어도 이런 일은 없었을 텐데……. 피곤한 탓에 방심해 버렸다.

대중교통 이용하기

모든 차는 왼쪽으로 다니며 학생은 할인(concession)요금이 적용된다. 대중교통을 지속적으로 이용하려면 일일 티켓보다 한 주나 한 달 동안 쓸 수 있는 정기권을 사는 것이 더 싸다. 멀티플 트립 티켓(Multiple-trip Ticket)도 있다. 심야에는 'Nightride'라는 버스가 대신 운행되는데 열차표를 가지고 이용할 수 있다. 'Nightride' 버스의 운행시간표는 열차시각표에 나와 있으며, 버스정류장은 역 주변에 있다.

- www.cityrail.nsw.gov.au(시드니 지하철)
- www.131500.com.au(시드니 교통)
- www.action.act.gov.au(캔버라 교통)
- www.transperth.wa..gov.au(퍼스 교통)
- www.merseylink.com.au(태즈메이니아 버스)
- www.victrip.com.au(빅토리아 교통)
- www.translink.com.au(퀸즈랜드 교통)
- www.adelaidemetro.com.au(애들레이드 교통)

※ 버스

승차권은 버스 안의 운전수나 신문 판매대, 문구점 등에서 구입할 수 있다. **영수증은 목적지에 도착할 때까지 꼭 가지고 있어야 한다.** 영수증이 없거나 구간에 맞지 않는 버스 요금을 지불한 사람은 무임승차로 간주되어 벌금으로 A$100를 내야 한다. 운행표(time table)에 따라 운행하며 Information Centre, 도서관, 시청에 가면 노선별 운행표를 무료로 구할 수 있다. 일요일과 공휴일은 거의 한 시간에 한 대씩 다니는 경우도 있다. 버스가 오면 손을 흔들어야(Hail the bus!) 멈춘다.

ㅇ 구간별 버스요금(시드니)

- 1-2구간(Sections): A$1.70
- 3-5구간(Sections): A$2.90
- 6-9구간(Sections): A$3.90
- 10-15구간(Sections): A$4.60
- 16구간(Sections) 이상: A$5.60

○ Travel Ten Ticket(Adult)

- Blue(up to 2 sections): A$13.60
- Brown(up to 5 sections): A$23.20
- Red(up to 9 sections): A$31.20
- Green(up to 15 sections): A$36.80
- Orange(up to 16 + sections): A$44.80

※ 지하철

○ 승차권 구입과 승차

CityRail 승차권은 역 승차권 매표소나 자동판매기에서 구입할 수 있다.

① 목적지의 기차역 선택(알파벳순)

② 승차권 종류 선택: 편도(Single), 왕복(Return)

③ 투입구에 돈을 넣는다. 승차권 자동판매기는 동전이나 지폐를 사용할 수 있다.

④ 승차권과 거스름돈을 챙긴다.

⑤ 자동출입구: 줄무늬가 위로 향하게 하여 화살표 방향으로 투입구에 넣는다.

⑥ 기차역 안의 플랫폼: 표시판, TV안내화면을 잘 확인한다. 역마다 다 정차하지 않는 기차도 있다.

○ 열차표의 종류

- 편도(Single), 왕복(Return)
- 오프 피크(Off-Peak) : 평일 오전 9시 이후나 휴일에 할인
- 위클리 레일(Weekly Rail Ticket) : 1주일 동안 이용. 편도가격의 8배
- 시티호퍼(Cityhopper) : 하루 동안 사용. 성인 A$6.40, 어린이 A$3.20

※ 택시(Taxi=Cab)

택시 앞자리에 앉으면 반드시 안전벨트를 매야 한다. 위반하면 벌금이 A$100이다. 팁은 주지 않는다. 대부분 Call Taxi를 이용하며, Call Charge가 부과된다(A$1.00 정도). 택시 요금은 주에 따라 다르며 택시 안에 요금표가 붙어 있다. 택시를 타면서 suburb부터 대고 street number를 말해주면 된다. 요금은 미터제이며, 기본요금은 A$2.45, 추가요금은 1 킬로미터당 A$1.40이다.

※ 자전거

새 자전거는 A$200~300 정도면 살 수 있다. 부활절이나 크리스마스 기간에는 A$100에도 살 수 있다. 반드시 헬멧(최소 A$20 정도)을 쓰도록 규정되어 있다. 동아리에 가입하여 친구를 사귀고 경주에도 참가해보자. 자전거 여행을 떠나도 좋다. 시드니대학과 시티의 자전거 지도는 인터넷에서 구하면 된다. 뜨거운 태양 아래 거센 바람을 뚫고 달려보자.

○ 기차에서 자전거 가지고 이동하기

- 자전거를 가지고 기차를 탈 수 있다. 주중(월~금)에는 오전 6~9시 사이 또는 오후 3시 30분~7시 30분 사이에는 자전거용으로 어린이 승차권을 구입해야 한다. 그 외의 시간에는 무료다. CityRail의 기차역과 기차 안에서는 타면 안 된다.
- DayTripper(A$15.40) 승차권은 일일통합 승차권이다. 시드니 교외지역에서는 기차, Sydney Ferry, Sydney Bus를 무제한으로 탈 수 있다.

○ 자전거 지도 구할 수 있는 곳과 커뮤니티

- www.bicycles.net.au
- www.bicyclensw.org.au
- www.bicyclestore.com.au(자전거 가게)
- www.bigride.com.au(자전거 경주)
- www.bv.com.au(Victoria)
- www.bq.org.au(Queensland)

이탈리아 식당에 취직하다

Australia
Working Holiday

일자리를 구하려면 이력서 준비는 기본이다. '남과 같으면 남 이상이 될 수 없다'는 생각으로, 나는 영문 이력서와 한글 이력서를 100장씩 만들어서 가져갔다. 몇백 명이 클릭하는 교민 사이트에만 의존해서는 일자리를 구할 수 없으므로, 교민 잡지에서도 일자리를 찾았다.

호주에 도착했을 때, 무거운 짐을 들고 영문 이력서를 뿌렸다. 외국인 호텔, 레스토랑, 패스트 푸드점 등 한국 사람이 없는 곳으로 돌아다녔다. 이 이야기를 들은 일본 친구는 나를 치켜세워 주었다.

"우와, 대단해. 모험심이 뛰어나고 생활력이 강한걸. 일본 남자하고는 다르네."

집을 구한 셋째 날, 아침 일찍 밥해 먹고 7시부터 이력서를 들고 나갔다. 집 근처에 일자리를 구하면 시간과 돈을 절약할 수 있다. 여섯 시간 동안 찾아다니다가 아름다운 이탈리아 건물이 눈에 띄었다. 1층은 레스토랑, 2층은 이탈리아 숍, 3층은 집들이 모여 있는 'Italy Forum'이었다. 배고프고 힘들어서 마지막으로 물어보고 집으로 돌아가려고 했다.

"I'm looking for a job."

마지막으로 들른 가게의 종업원은 내 말을 듣고, 사장이 곧 오니 기다리라고 했다. 30분을 기다려 사장을 만났다. 이탈리아 여성인 프랭카(Frangka) 사장이 물었다.

"지금 일할 수 있니?"

"예."

"그럼, 바로 시작하렴."

그렇게 해서 접시닦이부터 채소 관리, 냉장고 관리, 재고 관리까지 맡게 되었다.

내 영어 이름은 맥(Mac)이다. 누가 "맥(Mac)! 맥!" 하고 부르면 큰 소리로 대답하고, 눈치 있게 움직이면서 일했다. 마치 다시 이등병이 된 듯 했다.

"네 이름은 절대 잊지 못하겠다. 수도 없이 불러 꿈에서도 나타나겠어."

전 Italian Chef는 이렇게 이야기하기도 했다. 나 역시도 맥이라고 부르는 소리를 하루에 100번 이상은 들어야 잠을 청할 정도였다. 나는 일할 수 있음에 감사하며 열심히 일했다. 방글라데시 출신 Head Chef인 대니가 처음에는 내가 음식 메뉴와 채소 이름도 모른다며 싫어했지만, 2주가 지나자 "맥이 없으면 안 된다"고 칭찬하며 나를 챙겨주기도 했다.

파트타임 직원은 나까지 세 명이었는데, 나를 제외한 다른 두 명은 힘들다며 일을 그만두었다. 나는 오히려 더 많은 시간을 일하고 싶었다.

"대니! Full Time과 7day로 일하고 싶어."

대니는 그러라고 했다. 그 뒤로 쉬는 날 없이 매일 일했다. 이렇게 신용을 쌓아서 나중에는 이 친구 덕분에 학교도 갈 수 있게 되었다.

여기서 일하는 동안 입맛도 바뀌었다. 나는 순 토종 한국 입맛이었기 때문에 호주 음식은 한국에 있을 때도 먹어보지 않았다. 내가 호주에 와서 아는 음식이라고는 파스타와 치킨라이스가 전부였다. 나는 식사 때마다 치킨라이스를 먹었는데, 어느 날 Head Chef 대니가 답답하다는 듯 말했다.

"왜 너는 날마다 치킨라이스만 먹니?"

나는 면보다는 밥이 낫다고 생각했다. 한국인에게는 밥이 보약이고, 밥을 먹어야 힘을 쓸 수 있다. 그래서 내가 알고 있는 음식 두 가지 중에서, 밥이 들어간 치킨라이스만 먹었던 것이다. 나는 면으로 만든 음식은 우리나라 인스턴트 라면과 비슷할 것이라고 생각했다. 하지만 이탈리아나 호주에서는 면 종류 음식도 고급 음식으로 취급했다.

파스타를 적응하기까지는 매우 힘이 들었다. 한국 음식만 알던 나에게 이탈리아 음식은 정말 느끼했다. 처음 얼마동안은 파스타를 맛보고는 반밖에 먹지 못한 채 화장실로 달려가야 했다. 그렇지만 살기 위해서는 먹어야 했다. 점차 파스타에 적응되기 시작하더니, 이제는 좋아하게 되었다. 포크와 나이프 사용도 능숙해졌다.

식당에서 일하는 동안, 함께 일하는 60세 이탈리아 할머니(Mamma)는 날 많이 도와주셨다. 할머니께 처음 보는 재료와 메뉴를 매번 물어보았는데, 그때마다 친절하게 설명해주셨다.

"Mamma! What's this?"

나는 할머니가 불러주는 재료 이름을 종이에 소리 나는 대로 한글로 적어 그림까지 그려두었다. 그리고 비슷한 한국 재료 이름을 같이 적어 지갑에 넣고 다니며 출퇴근길에 외웠다. 또 근처 도서관에 가서 이탈리아 요리를 공부하고 비슷한 그림을 찾아 재료와 메뉴 이름을 암기했다. 3주일 동안 음식 이름, 음식 재료의 이름과 주방기구 사용법 등을 배우고 익히는 재미로 정신없었다.

그런데 큰 장벽이 있었다. 3년 이상 오래 일한 직원들 외에 새로 오는 직원들은 1~2주 만에 그만두기가 일쑤였는데, 그 이유는 바로 사장 때문이었다. 사장은 매우 변덕스럽고 신경질적인 성격이었는데, 그녀는 손님, 웨이터, Chef, 나와 나이가 비슷한 아들과 자주 다툼을 벌이곤 했다. 사장은 문제가 생기면 할머니와 대니에게 이탈리어어로 말하고 나가버리곤 했는데, 그러면 할머니와 대니가 내게 영어로 다시 이야기해주었다.

사장과의 싸움은 나도 예외는 아니었다. 수시로 바뀌는 사장의 지시 때문에 1주일에 두세 번은 다투었다. 사장이 트집을 잡아도 나는 꿋꿋하게 일했지만, 싸움에선 지고 싶지 않았다. 사장과의 다툼에서 당당하게 대응하기 위해, 나는 미리 할 말을 적어두었다. 문법도 확인하고 감정을 담아서 말하는 연습도 했다. 이 때문에 영어 실력이 많이 향상되었다.

영어 실력은 향상되었지만, 사장 때문에 겪는 스트레스는 이만저만이 아니었다. 잠꼬대까지 할 정도였다. 어느 아침, 플랫메이트가 물었다.

"어제 무슨 꿈 꿨니? 영어로 격하게 뭐라고 하던데?"

"정말? 이탈리아 식당 사장이 꿈에 나타났거든."

"얼마나 스트레스를 받으면 꿈에 나타나? 이제 그 일 그만둬."

"조건이 좋아서 그만둘 수 없어. 낮에 공부할 수 있지, 저녁에 일할 수 있지! 참아야지 뭐……."

사장의 신경질은 대단했다. 제 위치에 잘 놓인 박스 옆을, 사장이 지나다가 살짝 걸렸다. 그러자 사장은 박스를 던지며 박스를 왜 여기에 놓았느냐고 화를 냈다. 또 토요일 저녁, 주문이 밀려 모두 바쁘게 움직일 때, 사장은 주방에 들어와 배고프니 당장 음식을 해서 내놓으라고 언성을 높이곤 했다.

"배고파! 크랩 스파게티와 갈릭 브레드 해줘!"

우리는 손님이 주문한 음식보다 사장이 시킨 음식을 먼저 만들어 주었다. 그럼 사장은 구석에서 혼자 저녁을 먹었다.

사장은 변덕도 심했는데, 나는 도무지 이해가 가지 않는 일화가 있다. 웨이터와 Chef가 호흡이 맞지 않아 다른 음식을 내놓은 적이 있었다. 사장은 웨이터와 주방에서 실랑이를 벌였는데, 분위기가 굉장히 험악했다. 말다툼이 끝난 뒤 사장이 주방을 나설 때였다. 홀에서 주방으로 신나는 음악이 흘러 들어왔다. 음악을 들은 그녀는 감정이 180도 변해서 음악에 맞춰 춤추기 시작했다. "하하하" 웃고 있는 그녀를 보며 어떻게 감정이 3초 만에 확 바뀔 수 있는지 어안이 벙벙할 뿐이었다.

그리고 어느 날, 사장이 갑자기 식당 문을 닫고 사라졌다. 사장이 식당을 판 것이었다. 열흘이나 그녀의 행방을 찾아다녔던 직원들은 허탈했다. 결국 일한만큼의 돈은 새로 바뀐 사장에게 받기로 했다.

이 식당에서 8개월 동안 일하면서 느낀 것은 역시 한국과 다르다는 것이었다. 미치도록 일만 하고 돈을 모으는 것이 전부가 아니었다. 그들은 일에서 재미를 찾고 자기만의 삶을 만들었다. 그리고 'Special Skills'가 필요함을 깨달았다. 이 차이로 나는 A$11, Chef는 A$25를 받았다.

'뭘 하면서 살지? 내 Special Skills는 뭘까?'

이런 고민을 하다가 한 가지 결심했다.

"죽기 전까지 사용할 수 있고, 후세에게 도움이 되며, 남들에게 지도와 나침반이 될 나만의 기술을 지녀야겠다."

직업에 귀천이 없는 호주에서 두터운 신용은 성공 보증수표다. 신용을 쌓고, 기술만 쌓는다면 거칠 것이 없다. 도전하라! 도전하는 자가 아름답다.

호주에서 일하기

※ 근로소득세 내기

호주에서 일하기 위해서는 Tax File NumberTFN를 신청해야 한다. Tax File NumberTFN는 인터넷으로 신청할 수 있다. 호주에서는 아르바이트할 때에도 근로소득세를 내야 한다. 만약 TFN 없이 일하다가 호주 이민성 직원에게 적발되면 곧바로 비자 취소와 동시에 한국으로 강제 추방된다.

TFN번호는 2주 후에 기재한 주소로 우송된다. TFN번호가 나오기 전에 일을 구했다면 임시번호를 보여주면 된다. 학생비자는 TFN를 신청하기 전에 working permission을 신청해야 한다. 신청서와 A$60를 지불하면 working permission비자를 받을 수 있다.

※ 세무서(tax office)주소

(ATO, 호주 전 지역 문의 전화: 13 28 61)

주	지역	방문	우편
Queensland	Brisbane CBD (브리즈번 시티)	280 Adelaide Street Brisbane QLD 4001	GPO Box 9990 Brisbane QLD 4001
	Chermside	10 Banfield Street, Chermside	PO Box 9990 Chermside QLD 4032
	Townsville	Stanley Place 235 Stanley Street Townsville QLD 4810	PO Box 9990 Townsville QLD 4810
South Australia	Waymouth (애들레이드)	91 Waymouth Street Adelaide SA 5000	GPO Box 800 Adelaide SA 5001
Western Australia	Northbridge (퍼스)	45 Francis Street Northbridge WA 6003	GPO Box 9990 Perth WA 6848

New South Wales	Chatswood	Shop 43 Lemon Grove Shopping Centre 441 Victoria Avenue Chatswood	GPO Box 9990 Sydney NSW 2001
	Hurstville	1st Floor, MacMahon Plaza 14–16 Woodville St. Hurstville NSW 2220	PO Box 9990 Hurstville NSW 1481
	Newcastle	266 King StreetNewcastle NSW 2300	PO Box 9990 Newcastle NSW 2300
	Parramatta	Commonwealth Offices 2–12 Macquarie Street Parramatta NSW 2123	PO Box 422 Parramatta NSW 2123
	Penrith	121–125 Henry StreetPenrith NSW 2740	PO Box 140 PenrithNSW 2740
	Sydney CBD (시드니 시티)	100 Market Street Sydney NSW 2000	GPO Box 9990 Sydney NSW 2001
	Wollongong	93–99 Burelli Street Wollongong NSW 2500	PO Box 9990 Wollongong NSW 2500
Australian Capital Territory	Canberra (수도 캔버라)	Ethos House, 28–36 Ainslie Avenue CivicSquare ACT 2608	GPO Box 9990 Canberra ACT 2601
	National Office	2 Constitution Avenue Canberra ACT 2600	PO Box 900 Civic Square ACT 2608
Victoria	Box Hill	990 Whitehorse Road Box Hill VIC 3128	PO Box 999 Box Hill, VIC 3128
	Cheltenham	4a/4–10 Jamieson Street Cheltenham VIC	PO Box 9990 Dandenong, VIC 3175
	Geelong	92–100 Brougham Street Geelong VIC 3220	PO Box 9990 Geelong VIC 3220
	Melbourne CBD (멜버른 시티)	Casselden Place 2 Lonsdale Street Melbourne VIC 3000	PO Box 9990 Moonee Ponds VIC 3039
Tasmania	Hobart	200 Collins Street Hobart TAS 7000	PO Box 9990 Hobart TAS 7001

Northern Territory	Darwin	Cnr Mitchell &Briggs Streets Darwin NT 0800	GPO Box 800 Adelaide SA 5001
	Alice Springs	Jock Nelson Centre16 Hartley Street Alice Springs NT 0870	GPO Box 800 Adelaide SA 5001

※ 공짜로 일 찾기

○ 지역신문에서 찾기

수요일과 토요일자 신문에 구인광고가 나온다. 시드니의 Sydney Morning Herald나 브리즈번의 The Courier Mail, 지역별로 Community 잡지에서는 구인 · 구직 정보를 제공한다.

○ 사설 취업 알선소(Recruitment Agency)

취업자들의 개인 신상을 관리한다. 보통 회계, 컴퓨터, 비서직, 사무보조 등을 알선한다. 신청자에게는 별도의 소개료가 없다. 대신 주급에서 일정한 수수료를 제하고 준다. 그래도 다른 일반 직종보다 급여가 높은 편이다.

○ 한인 사회

경쟁이 치열하며 보수가 적은 편이다. 호주문화를 접할 기회가 매우 적다. 시드니에서는 매주 금요일에 주요 한인업소에서 4~5종의 교민 생활 잡지를 구할 수 있다. 그밖의 지역에서도 매주 발행되는 잡지를 통해서 일자리 정보를 알 수 있다.

- www.kosyd.com(주간 시드니)

○ 인터넷

영어회화가 가능하고 경험이 있으면 현지인 구인 검색사이트를 적극적으로 이용하자.

- www.jobsinoz.com.au(일자리)
- www.seek.com.au(일자리)
- www.centrelink.gov.au(직업안내센터)
- www.mycareer.com.au(파트타임)

○ TAX 환급(7월 1일~10월 30일, Tax Return 시기)

세금은 소득과 비자에 관계없이 일률적으로 17퍼센트를 납입해야 한다. 그 이상 공제한 세금은 환급받을 수 있다. 워킹홀리데이 비자 소지자는 소득에서 세금을 29퍼센트 공제하므로 29 - 17=12퍼센트를 환급받을 수 있다.

예) A$20,000의 소득발생시 납부세액 A$5,800(29퍼센트) - 의무징수세액 A$3,400 (17퍼센트) = A$2,400(환급 세액)

호주는 7월 1일이 회계연도 기준일이므로 7월 1일부터 소득이 발생한 사람을 제외하고 8월부터 소득이 발생한 경우 2년에 걸쳐 두 번 정산해야 한다.

• 그 해 1~6월에 소득이 발생하면 그 해 7월 이후에 환급
• 그 해 7~12월에 소득이 발생하면 다음 해에도 7월 이후에 환급

※ 세금환급

1. 호주에서 신청하는 경우

구비서류

• 신청서 양식('Tax Pack'이라는 책자에 있거나 세무서(ATO)에 비치)
• 급여명세내역서(Group Certificate = Payment Summary)
• 환급받을 은행 계좌번호(귀국하려면 한국 주소를 적고 우편으로 받으면 된다)
• 항공권(한국 주소를 기입하려면 귀국 항공권이 있어야 한다)
• 주소지(연락처)
• 여권(Passport)

2. 절차

개인이 직접 신청_ 세무서를 방문하여 위 기간(7~10월) 안에 구비서류를 제출한다. 2주에서 두 달 후 환급세액을 받는다(신청할 때 수령방법을 반드시 알려줘야 한다. 한국으로 우편발송 또는 직접 수령 등). 회계사 사무실에 의뢰하면 약 A$80의 대행수수료가 있다.

3. 한국에서 신청(한국에서 신청해도 기간 안에 접수해야 함)

인터넷으로 접수_ www.ato.gov.au에서 신청한다. 왼쪽 메뉴에 있는 Tax Return을 클릭하여 신청하면 된다. 접속하기 전에 Tax File Number, 급여명세내역서(Group Certificate)를 알고 있어야 한다.

서류로 접수_ 호주에 있는 세무서의 주소지로 서류를 준비하여 우편으로 보낸다.

준비서류_ 신청서양식, 급여명세내역서, 환급받을 은행 계좌번호, 여권사본(출입국 스탬프가 찍힌 비자 면과 사진 있는 면)

※ 농장 아르바이트 정보

1. 농장에 가기 전에

한국인은 대부분 비자를 연장하거나 큰돈을 벌기 위해 농장으로 간다. 농장에서 한국인 워커들은 몹시 절약하면서 산다. 비자 연장을 위해 오는 워커들도 돈을 모으면서 장기 생활을 하기도 한다. 이들의 생활은 '일, 식사, 술, 잠' 순으로 무척 단순하다. 이들 가운데 틈틈이 영어공부하는 사람도 있다.

2. 농장에서 만나는 사람들

• **콘트랙터**(contractor)

워커들과 농장을 연결해주는 사람이다. 콘트랙터는 용역회사나 인력회사 사장이라고 할 수 있다. 일을 소개하거나 워커(워킹홀리데이 메이커)들을 관리하면서 일을 가르치거나 숙소를 알아봐주기도 한다. 워커들은 주로 콘트랙터에게 급료를 받으며, 콘트랙터들은 농장주에게 돈을 받아 워커들에게 나누어준다.

소규모 콘트랙터들은 워커 몇 십 명을 데리고 있지만, 대규모 콘트랙터들은 워커를 수백 명씩 데리고 있다. 슈퍼바이저를 데리고 있는 콘트랙터도 있다. 콘트랙터가 유능하거나 워커를 많이 데리고 있으면 농장주와 좋은 조건으로 계약할 수 있다. 그렇지 못하면 워커들이 고생한다. 백패커스 주인이 콘트랙터 역할을 하기도 한다.

비자연장을 원하면 '비자 연장폼'을 이들에게 제시하면 된다. 시티에 있는 '농장 알선 에이전시'들은 주로 이들을 통해서 정보를 얻는다. 콘트랙터가 원하는 인원만큼 한국인 워커들을 보내준다.

• **슈퍼바이저**(supervisor)

농장주를 대신해서 워커들에게 농장 일을 가르친다. 누구에게 고용되느냐에 따라 역할에 조금 차이가 있다. '농장주 밑에서 일하는 슈퍼바이저'는 워커들을 직접 관리한다. 워커들이 콘트랙터를 통해서 농장을 선택했다면 농장에서 일하는 슈퍼바이저는 단지 일을 가르치는 수준이다. 하지만 워커가 농장주와 직접 만나 농장을 선택했을 때는 이들이 워커들의 건강, 숙소(팜스테이의 경우)를 관리한다. 또한 워커와 관련된 행정업무를 직접 하기도 한다(비자연장폼 · 페이먼트 서머리 작성). '콘트랙터가 고용한 슈퍼바이저'는 워커들에게 일을 가르치거나 워커를 픽업하기도 한다. 슈퍼바이저의 연령대는 상당히 어리다. 농장에서 몇 년 일한 워커 가운데 슈퍼바이저로 고용되는 경우가 꽤 있기 때문이다.

• **농장주**

이곳에서는 흔히 '보스'라고 부른다. 콘트랙터나 슈퍼바이저는 외국인이 많고, 농장주는 대부분 호주인이다. 농장 소유주가 대부분이지만 큰 농장에서는 다국적 기업에서 고용한 매니저를 보스라고 부르기도 한다. 보스는 워커가 마음에 들지 않으면 콘트랙터와 맺은 계약을 해지하기도 한다. 이들이 농장에 나타나면 모두 긴장한다. 워커가 콘트랙터를 거치지 않고 농장을 직접 선택했을 때는 워커들이 보스와 직접 계약하기도 한다.

3. 농장에서 지낼 숙소(accommodation)

• **팜스테이**

농장에서 제공하는 숙소를 팜스테이라고 한다. 한 집을 여럿이 셰어한다고 생각하면 된다. 혹은 주방만 셰어하고 잠자리는 각자 다른 곳에 있는 경우도 있다. 팜스테이는 농장에 따라서 셰어비가 무료인 곳부터 주당 A$50까지 다양하다. 보증금을 받는 곳도 있고 받지 않는 곳도 있다. 가격이 무척 싸기 때문에 많은 워커가 팜스테이를 선호한다. 농장에 따라서 텐트장소만 제공하기도 한다. 팜스테이라도 꼼꼼하게 알아보는 것이 좋다.

• **캐러밴 파크**

캠핑카이다. 캠핑카가 옹기종기 모여 있는 곳이 캐러밴 파크이다. 캐러밴 파크는 주로 강가에 있어 유원지에 놀러온 것 같은 기분이 든다. 작은 방만 한 크기에 주방, 침실, 거실이 붙어 있으며 개인공간이 잘 확보되어 있다. 혼자 지내기 좋아하는 사람들이 선호한다. 워커 한 명이 주당 A$100~140의 숙소비와 2주치 보증금을 낸다.

• **렌트 하우스**

집을 빌리는 것이다. 타운에 있는 부동산중개업소를 찾아가면 렌트할 집을 여러 곳 보여준다. 3개월 이상 거주해야 하며 4주치 이상 보증금을 내야 한다. 렌트는 초기 자본이 많이 들어 주당 A$150 이상 지불해야 한다. 인원수에 구애받지 않기 때문에 한 집에 여럿이 살면 무척 싸게 생활할 수 있다.

• **백패커스(백팩)**

백패커스가 큰 농장 근처에 있을 때는 백패커스에서 농장을 선택해주기도 한다. 무작정 배낭을 메고 일을 찾으러 온 사람에게는 아주 좋은 숙소이다. 농장 근처 백팩은 성수기와 비수기에 따라 가격 차이가 크다. 비수기에는 주당 A$125, 성수기에는 A$140이다. 일을 알선받았을 때는 날마다 픽업비 A$5를 낸다. 따라서 1주일에 총 A$160를 내야 한다. 외국인을 만날 기회가 많다는 것이 백팩의 장점이다.

• **웨이지(Wages) 지급 방식**

① 아울리(hourly rates)

시간제이다. 사람마다 능력이 다르기 때문에 시간제냐 능력제냐에 따라 일의 형태가 다르다. 하루에 7~9시간쯤 일한다. 세금을 포함하여 시간당 A$12~15 받는다. 이런 일은 시간마다 정해진 할당량이 있어서 이를 채우지 못하면 해고당할 수도 있다. 농장 일을 처음 하는 워커에게 강력 추천한다. 세금을 제외하고 웨이지를 받는다면 적게는 12퍼센트, 많게는 29퍼센트쯤 세금을 공제한다.

② 콘트랙트(contract rates)

능력제이다. 자신이 일한 양만큼 웨이지를 받는다. 농장 일을 많이 해본 워커에게 유리하다. 예를 들어 포도나무 가지치기는 한 그루당 30센트, 포도 피킹은 킬로그램당 얼마 하는 식이다. 하루에 A$50~200쯤 받는다. 능력에 따라 천차만별이다. 서로 경쟁하며 일하기 때문에 아울리보다 스트레스를 더 받는다. 정해진 할당량이 없고 보스의 눈치를 보지 않기 때문에 조금 편하기도 하다. 세금은 아울리와 같다.

4. 농장 생활

단조롭고 반복되는 삶을 살므로 꼭 계획을 세워야 한다. 농장에 도착한 후 필요한 것은 무엇이며, 어디를 가야 하는지 정확하게 알아둬야 한다. 슈퍼바이저나 콘트랙터에게 물어보면 잘 설명해준다.

• 교통수단

근처에 무슨 역이 있으며 어디에 버스 정류장이 있는지 정확하게 알아둬야 한다. 농장을 떠나기 전에 기차표나 버스표를 어디서 사는지도 알아둬야 한다.

• 대형마트, 식료품점

농장에서 가까운 타운마다 대형마트가 있다. 타운 근처에 아시안 식료품점이 있느냐가 중요하다. 호주에 있는 아시안 식료품점은 아시아 식품만을 전문적으로 판매한다. 라면, 고추장 등 한국 식품을 쉽게 구매할 수 있는데 물건 값이 꽤 비싼 편이다.

• 중고품점

'세컨드 숍'이다. 옷, 신발, 식기, 책 등 중고 잡화를 파는 상점이다. 작업복이나 작업화는 이곳에서 사면 무척 싸다. 식기나 침구류도 이곳을 이용하면 싸게 살 수 있다. 가끔 괜찮은 옷도 있어서 쉽게 지나치지 못할 때도 있다.

• 은행

자신이 계약한 은행이 타운에 있는지도 중요하다. 다른 은행에서는 세이브되지 않기 때문에 자신의 거래은행이 없으면 웨이지를 가지고 있어야 한다. 대부분의 콘트랙터는 웨이지를 은행 계좌로 입금하지 않고 현금으로 주기 때문에 자신의 거래은행이 어디에 있는지 반드시 알아두어야 한다.

• 쇼핑센터

주말이나 데이오프(일이 없는 날)에는 크게 할 일이 없다. 이럴 때는 농장이나 타운 근처 쇼핑센터가 어디 있는지 알아두면 좋다. 여자들은 쇼핑을 해야 하므로 자동차 있는 남자와 친해지면 좋을 것 같다.

• **PC방**

이곳에서는 '인터넷 카페'라고 한다. 타운마다 하나씩은 있다. 구멍가게 같은 곳에 컴퓨터 두세 대 놓고 인터넷 카페라는 간판을 단다. 요금은 시간당 A$4쯤 한다. 한국의 ADSL로 착각하면 답답해서 컴퓨터를 던질 수도 있다.

• **교회**

기독교 나라답게 교회는 어디에나 있다. 젊은 사람보다 중년 이상의 백인들이 대부분이다. 장로교, 감리교 같은 교파도 있지만 '유나이티드 처치'처럼 호주에만 있는 교파도 있다. 또 이상한 사이비 교파도 있다. 영어사전에서 교파를 확인하고 가기 바란다.

5. 농장 일을 마치고 챙겨야 하는 것들

• **농장 연장폼**

'1263폼' 또는 '비자연장폼'이라고 한다. 연장은 호주에 가기 전에 워홀러가 인터넷으로 비자를 신청하는 방법과 똑같다. 농장에서 3개월 이상(90일 이상) 일해야만 연장 조건이 된다. 비자를 연장할 때 요구하는 서류가 연장폼이다.

연장폼에는 농장주소와 ABN넘버(사업자등록번호), 농장에서 일한 기간 등을 기입한다. 이 폼은 농장주가 직접 작성해야 하기 때문에 농장을 떠나기 전에 슈퍼바이저나 콘트랙터에게 부탁하면 받아준다.

여기서 '일한 기간'은 워커가 현재까지 일했던 농장들의 모든 기간을 합한 기간으로, 그 기간이 3개월이 넘으면 된다. 또한 주말이나 데이오프 날짜도 포함한다. 이 연장폼은 인터넷으로 연장을 신청할 때 같이 제출하는 것이 아니다. 이민성에서 연장폼을 요구하는 이메일을 보내오면 우편이나 팩스로 보내면 된다.

• **Payment Summary**

호주정부에 납부한 세금을 돌려받으려면 반드시 가지고 있어야 할 서류이다. 워커가 지금까지 낸 세금총액과 세금을 포함한 웨이지 총액, 워킹홀리데이의 텍스파일넘버, 농장주소 등이 기재되어 있다.

이 서류는 연장폼과 달리 시간이 꽤 오래 걸리기 때문에 미리 이야기해야 한다. 인터넷으로 신청하려면 www.ato.gov.au의 Tax Back 홈페이지에 접속한 뒤 Tax Return 프로그램을 다운받아 실행하면 된다. 한편 텍스리턴 대행 에이전시를 통해서도 세금을 환급받을 수 있다.

• Payslip

'주급명세서'를 일컫는다. 매주 웨이지를 받을 때마다 주급명세서를 받는다. 주급명세서는 이민성에서 추가로 요구할 때 팩스로 제출해야 할 서류이다. 하나라도 버리지 말고 반드시 보관해야 한다. 참고로, 페이슬립을 받기 전에 자신의 주급을 계산하는 습관을 들이기 바란다. 계산 실수가 발생하기 때문에 매일매일 계산하는 것이 좋다.

• Super Summary

워홀러가 일한 농장이 연금(super solutions)을 뗄 때 받을 수 있는 서류이다. 연금까지 공제하는 농장은 많지 않기 때문에 좀 특이한 폼이다. 어쨌든 이것도 받으면 지금까지 공제한 연금을 돌려받을 길이 열린다. 이 폼에는 총연금액수와 연금관련 업체 주소가 적혀 있다.

• 기타

- Garry : 0418-433-467(뉴캐슬 꽃 농장)
- Rangi : 0427-194-609(빅토리아 주 로빈베일 콘트랙터)
- Zesty : 02-9267-4069(시드니 농장 알선 에이전시)

• **이력서(Resume) 샘플**

Thank you for your acceptance this resume.

▶ Name	Se-Jong Oh(Mac)
▶ Phone Number	0401-808-909
▶ Tex File Number	824 665 442
▶ Experience	
- Chef	2005. 1~2005. 3
- Computer Tutor	2002. 2~2004. 12
- Waiter	2000. 1~2003. 12
- Man's Hair Cut etc···	1995. 5~2003. 5
▶ Volunteer Work	
- Youth Guide(leader)	2003. 7~2003. 8
- Blood Donation Drive	2001. 3~
▶ Qualification	
- Test of Information	- Sale of Management
- Teacher's license	- Taekwondo

Enthusiastic, Positive, Motived, Creative and always Smiling~

▶ Education	
- Franchise Business Course	2004. 7~2004. 12
- Business Course	2000. 3~2005. 2

Thank you for your consideration!

From. Mac

*영문이력서는 사진을 붙이지 않음을 명심하라.

영어공부, 경험의 키를 높여라

Australia
Working Holiday

워킹홀리데이는 문화 경험을 많이 해보라는 비자이다. 눈으로만 보는 일과 여행도 있지만 지식을 쌓는 경험도 무척 중요하다.

"젊어 고생은 사서도 한다. 경험이 중요하다."

호주에 가서 일한다고 모두 값진 경험이라고 착각하지 마라. 고생의 질을 바꿔야 한다. 영어공부도 값진 경험이다. 호주의 교육에 빠져보는 것도 엄청난 경험이다. 요즘에는 호주로 봉사활동하러 떠나는 사람들과 상담도 한다. 상담하기 전에 이런 질문을 꼭 한다.

"가는 목적이 무엇입니까?"

"음……. 경험을 쌓고 싶어서요. 일하면서 여행도 하고요."

"영어회화는 되나요?"

"아니요. 가서 공부하려고요."

이런 사람에게는 정말 "가지 마세요. 1년이 아깝습니다"라고 말해 주고 싶다.

나도 호주에 가기 전에는 이 같은 대답을 했다. 그러나 체험한 결과 마음만 있으면 공부할 기회는 많았다. 정보를 모르면 영어공부도 못하고, 사진과 추억만 남길 뿐이다.

상담이 끝날 때쯤에는 다음 질문을 한다.

"지금 영어회화학원에 다니고 있나요? 다니지 않는다면 오늘 바로 등록하세요. 아는 만큼 보입니다. 바로 학원 먼저 알아보세요."

영어는 눈에 보이지 않는다. 하루아침에 뚝딱 할 수 있는 것도 아니다. 그 나라의 문화를 제대로 알고 싶으면 그 나라 언어를 배우는 것만큼 좋은 것은 없다. 이제부터 '경험 = 영어 + 일 + 여행'을 함께 얻어 보자.

호주에서 생활한 지 한 달 정도 지났을 때 Part Time 영어수업도 있음을 알게 되었다. 첫날엔 새벽부터 도시락을 만들어 들고 집을 나섰다. 한 반에 8명이 같이 공부했는데 한국인 4명과 중국인과 일본인이 있었다. 지금은 한 반에 10~15명인 것 같다. 처음에는 거침없이 행동하고 옷차림이 자유로운 선생님과 학생들에게 적응하기가 힘들었다.

수업이 시작되자 중국인과 파트너가 되어 각자 자기소개를 하게 되었다.

"안녕하세요. 호주에서 얼마나 지내셨어요?"

"7년 정도."

"죄송합니다만, 영어를 왜 공부하시죠?"

"음……. 일할 때 중국어만 쓰고, 영어 없어도 살 수 있거든요. 그러나 문법과 정확한 문장을 배우고 싶어서 아직까지 펜을 놓지 못하고 있어요."

중국인의 말이 맞다. 우리가 원하는 것은 완벽한 문장과 발음이다. 배움은 나이와 상관없고 끝도 없는 것 같다. 나를 가르친 선생님 이름은 리치(Rich)였다. 그는 엉뚱하면서 재미있고 환경과 동물을 아끼는 사람으로 나와는 둘도 없는 농구 멤버였다.

리치가 말했다.

"맥! 난 네 농구스타일을 좋아해. 패스가 예술인데?"

"고마워, 너도 그래."

그 친구 덕분에 농구장에서 외국인 친구를 많이 알게 되었다.

새벽부터 학교에 가지만 일할 때보다 훨씬 재미있었다. 다른 나라 친구들의 생각을 하나하나 이해할 때는 설렘과 희열을 느꼈다. 이때부터 나는 여행, 돈, 일보다는 영어의 매력에 푹 빠졌다. 한국의 독해, 읽기 학습보다는 말하기(speaking)가 흥미진진했다. 국가와 언어는 다르지만 영어를 통해 서로 이해했을 때는 무엇과도 바꿀 수 없이 기뻤다.

영어로 서로 어떤 생각을 하는지 이해했을 때 보람이 가장 컸다.

그 후 돈을 모으면 여러 영어 코스를 공부했다. 친구 사귀기에 가장 좋은 것은 같은 반이 되는 것이다. 정말 쉽게 친구가 되었으며 재미있는 추억거리를 만들었다.

영어를 처음 배울 때는 일반영어 코스에서 공부한다. 영어 실력이 쌓이면 한국의 토익에 도움이 되는 비즈니스 코스까지 배우는 것도 좋다.

TIP-BOX

랭귀지 스쿨

워홀 비자 소지자는 한 학교에서 4개월까지 교육받을 수 있다. 한 곳의 학교만 다닐 수 있는 것은 아니다(A학교–4개월, B학교–4개월, C학교–4개월씩도 가능하다).

유학원은 전문학원, 대학교 등을 소개하는 사설 단체이다. 학교와 학생을 연결해주는 곳이다. 학비 결정과 납부도 여기서 한다. 무료 인터넷도 사용할 수 있다.

보통 영어공부를 시작하면 랭귀지 스쿨, 대학(College), 대학교(University) 부설기관에서 공부한다. 대학이라 해서 우리처럼 2년제가 아니고 언어를 배울 수 있는 전문대학이라고 생각하면 된다.

랭귀지 스쿨에 대학(College)을 붙이기도 한다. 여기서는 일반적인 영어회화를 공부한다. 한편 현지 대학교에 입학하려면 처음 6개월 내지 1년은 랭귀지 스쿨에서 공부하는 것이 일반적이다. 또 가고 싶은 대학교의 부설기관을 수료하면 입학시험을 보지 않아도 입학조건이 되기도 한다.

호주는 유학원(학교를 소개해주는 사설 단체)을 통해 학교(랭귀지 스쿨, 사설 학교)를 소개받아야 한다. 또 유학원을 통해 등록하면 할인받을 수 있다. 학교로 직접 찾아가는 것이 더 싸다고 생각하여 찾아갔지만 할인 혜택이 전혀 없었다.

호주는 유학원을 통해 등록하면 학교는 물론 생활 정보도 얻을 수 있다. 이때 인터넷 공짜 사용권도 받는다.

할인 혜택은 국적이나 유학원에 따라 달랐다. 학교에 등록해서 친구들에게 학원비를 물어보라. 일본 친구들은 일본 유학원에서는 절대로 할인받지 못했다. 반대로 어떤 나라는 우리보다 더욱 할인되었다.

호주에서 영어공부하기

※ 호주 영어 코스

1. 일반영어 코스(General English)

영어실력을 향상하기 위해 가장 먼저 시작하는 코스이다. 문법과 회화를 동시에 공부한다. 풀타임은 하루 5시간 정도이고, 파트타임은 하루 2시간 정도이다.

General English Level Beginner Level → Elementary Level(Pre-Intermediate Level) → Intermediate Level → Upper-Intermediate Level → (Pre) Advanced Level → Upper Advanced Level

2. 진학영어 코스(EAP, English for Academic Purposes)

전문학교, 대학, 대학원 진학을 위해 필요한 영어를 배우는 코스이다. 노트에 적는 방법, 리포트 작성법, 화의나 토론 진행 방법 등을 배운다.

3. 시험대책 코스

호주 학교 입학에 필요한 IELTS, TOEFL, 케임브리지에 초점을 둔다.

• IELTS(International English Language Testing System)

General training: 대학 학위가 아닌 다른 종류의 고등과정을 위해 영어권 학교에 입학하거나 이민 가기 위해서 필요한 테스트이다.

• Academic

대학 또는 석사 과정 이상 학위를 위해서 필요한 테스트이다.

4. TOEFL(Test of English as a Foreign Language)

영어를 모국어로 사용하지 않는 국가의 학생들이 미국, 캐나다, 호주 등 영어 사용권 국가의 대학에 유학하려 할 때 치러야 하는 영어 숙련도 검정시험이다.

5. Cambridge

외국인의 영어실력을 평가해서 국제적으로 통용되는 자격증(Certificate)을 수여하는 제도로 발전되어왔다.

6. 테솔(TESOL: Teaching English to Speakers of Other Languages)

영어를 외국어로 배우는 학생들을 위한 효과적인 교수방법을 연구 · 개발하고 이를 통해 영어전문교사를 양성하는 과정이다.

이 과정을 수료하면 ESL(English as Second Language)과 EFL(English as Foreign Language) 상황에서 영어를 가르칠 자격이 주어진다.

IELTS 평점 6.5 이상(각 영역점수 6.0 이상) 또는 TOEFL 580+TWE 5.0 이상(CBT 237+ 5.0 essay rating)을 요구한다.

7. 비즈니스 영어 코스

영문 편지나 사내 문서 쓰는 법, 전화 대화 방법 등 비즈니스에서 사용하는 영어 학습 코스이다. 한국의 토익을 준비할 수 있다.

⇒ 주로 일반 영어 코스만 듣는 경우가 많다. 열심히 공부해서 테솔이나 비즈니스 과정을 듣는다면 한국에서 도움이 많이 된다.

※ 시험의 특징 비교

1. IELTS
   - 네 영역으로 구성. 밴드스코어(Band Score) : 0~9점까지 폭넓은 평가
   - Speaking Test : 1:1 면접방식&Tape 녹음방식 채택
   - 주관식 : General - 일상생활, Academic - 학업에 필요한 논리성 추구

2. Cambridge
   - 외국인의 영어실력을 평가해서 국제적으로 통용되는 자격증을 수여하는 제도
   - 일반영어, 비즈니스 영어, 어린이 영어 등 다양한 분야, 다양한 단계로 나뉘어 있다.

3. TOFLE

- Speaking 영역 추가(TSE), 청취력, 독해, 쓰기 표현에서 종합적 점수 제공
- Essay(TWE)

4. TOEIC

- L/C/R/C 비즈니스 사무 영어

5. G-TELP

- 등급별 합격제도(등급별 75%가 합격선)
- Level 5의 초보단계부터 Level 1의 고급단계까지 폭넓게 평가
- Speaking Test: 기존의 1:1 면접방식을 탈피한 Tape 녹음 방식

영어시험 점수비교(환산점수)

IELTS	TOEFL (PBT)	TOEFL (CBT)	TOEIC	G-TELP (레벨 2)	TEPS
5.0	500–509	173–179	590–619	54–57	473–504
5.5	510–519	180–189	620–644	58–61	505–532
	520–529	190–196	644–674	62–65	533–568
6.0	530–539	197–206	675–704	66–68	569–605
	540–544	207–209	705–714	69–70	606–618
	545–549	210–212	715–729	71–72	619–637
6.5	550–554	213–218	730–744	73–74	638–657
	555–559	219–220	745–759	75–76	658–676
	560–564	221–224	760–774	77–78	677–695
	565–569	225–229	775–784	79	696–708
7.0	570–574	230–231	785–804	80–81	709–733
	575–579	232–236	805–814	82–83	734–746
	580–584	237–238	815–829	84–85	747–764

7.0	585–589	239–242	830–844	86–87	765–782
	590–594	243–245	845–859	88–89	783–800
7.5	595–599	246–249	860–874	90–91	801–818
	600–604	250–251	875–889	92–93	819–835
	605–609	252–253	890–904	94	836–852
8.0	610–614	254–258	905–919	95–96	853–869
	615–619	259–260	920–929	97–98	870–880
	620–624	261–263	930–944	99 이상	881–896
	623–627	264–267	945–959	A	897–912
8.5	630 이상	268 이상	960 이상	A	A

※ **유학원 선택할 때 유의 사항**

입학금(Enrolment fee), 책값(Materials fee), Bonus+2weeks, Special Price 등이 포함된 가격인지 항상 체크한다. 학생비자보다 워킹비자가 더 싸게 공부할 수 있다.

수업 분위기는 학생들이 만들기도 하지만 선생님의 영향이 커서 어떤 선생님이 가르치느냐에 따라 차이가 많다. 비싼 학교이든 싼 학교이든 시스템은 별 차이가 없다. 선생님이 열정적으로 가르칠 때 더 많은 것을 배울 수 있음은 불멸의 법칙이다. 시드니에서 가장 비싼 학교에도 가보았지만 선생님이 중요함을 절실히 느꼈다.

레벨이 높을수록 유럽 친구들을 만날 기회가 많다. 하위, 중간 레벨에는 한국인과 일본인이 많다. 서로 발음도 비슷하여 영어공부에는 별로 도움이 안 된다. 그러므로 한국에서 미리 공부하고 간다면 더욱 재미있게 공부할 수 있다.

Trial Lesson은 학교를 선택한 다음에 그 학교 정규수업을 재학생들과 함께 1~2시간 무료로 듣는 제도이다.

예를 들어 A학원에서 Trial Lesson을 받고 싶어 Booking하면 다음에 B유학원이 더 싸다는 정보를 얻고 바꾸려 해도 바꿀 수 없다. 그런 것을 학원과 학교끼리 정해놓은 룰이라고 한다. 잘 알아본 후 Trial Lesson을 받아보기 바란다.

Trial Lesson하면서 Level Check를 함께 하기도 한다. 경험으로 한번 해보는 것도 학교

선택에 도움이 된다. 하지만 비싸고 좋은 학교는 대부분 재학생에게 방해가 되기 때문에 이 제도를 시행하지 않는다.

영어에 자신이 없으면 여러 학교를 다니면서 자신감을 기르길 바란다. '모르면 묻고 자신감 있게 말하자.' 모국어는 한국어다. 그러니 영어를 잘 못하는 것은 당연하다. 모른다고 가만히 있지 말고 물어보고, 다양한 체험을 하면서 부딪쳐 보기 바란다.

"서당 개 삼 년이면 풍월을 읊는다."

포기하지 말고 끊임없이 도전하기 바란다.

영어 학교(Free English Lessons)

1. UTS: insearch
   - Level 3, 10 Quay St, Haymarket, NSW 1240 9218-8646
   - David.Noble@insearch.edu.au
   - Where_ CPSU House, 191 Thomas St, Haymarket
   - Classes_ Elementary & Intermediate Levels

2. At 3 General Bridges Crescent, Daceyville(near Kingsford)

- Thur 14:30~16:30, call Julie or Rebecca on 9663-3922

3. Church

- 2nd Floor, 185 Liverpool St, nsw(The Connaught Building near Hyde Park)
- Sat 15:00~16:30, Thu 17:00~18:30

(시드니 시티에서 가장 가깝고 자유롭게 매번 신청 없이도 갈 수 있다.)

4. IH(International House Sydney-Teacher Training Centre)

- Level 3, 89 York St, Sydney nsw 2000, Australia 02-9279-0733
- www.training.ihsydney.com
- When_ Every Month
- Afternoon: Mon to Fri 14:40~16:45
- Evening: Tue & Thu 17:40~20:00

(줄 서서 인터뷰를 한다. 직업도 없고 여행할 계획도 없다고 대답하라. 영어만 공부하려고 한다고 하라. 출석률이 좋을 것 같은 학생을 뽑기 때문이다.)

5. Surry Hills Neighbourhood Centre

Corner Collins and Norton St, Surry Hills nsw 2010 02-9380-5555

- Mon 10:30~24:00(320 Riley St, Surry Hills(Foveaux St.(=bus stop))
- Tue 10:30~12:00(Northcott Community Centre)
  (between Belvoir & Devonshire Sts, near the Ward Park)
- Thu 10:30~12:00(320 Riley St, Surry Hills)

6. YWCA NSW

5-11 Wentworth Ave, Sydney NSW 2010 02-9285-6211

정부에서 하는 곳으로 쿠폰제를 실시한다. A$17.5(1번) or A$150(10번)

열 번씩 하면 할인받을 수 있다. 시간 날 때 갈 수 있다는 장점이 있다.

- Multicultural Cooking Classes
- When_ Every Friday 10:30~13:30, Salma or Anthony on 9380-5555
- Where_ 320 Riley St, Surry Hills, A$2 per class as contribution(+a materials fee)

공짜 도서관(Sydney Library Network)

1. Customs House Library
    - 31 Alfred St Sydney nsw 2000 9242-8555
    - Mon to Fri 8:00~19:00, Sat 10:00~16:00, Sun 12:00~16:00
    - Public holidays closed.

2. Glebe Library
    - 186 Glebe Point Road Glebe NSW 2037 9518-6055
    - Mon&Wed 9:30~20:00, Tue · Thu&Fri 9:30~17:30, Sat 9:00~12:00
    - Sun&Public holidays closed.

3. Haymarket Library
    - 744 George St(corner Hay St) Haymarket NSW 2000 9265-9977
    - Mon to Fri 8:30~18:00, Sat 10:00~13:00
    - Sun&Public holidays closed.

4. Kings Cross Library
    - 50-52 Darlinghurst Road Kings Cross NSW 2011 9246-4530
    - Mon to Thu 10:00~19:00, Fri 10:00~18:00, Sat 9:00~16:00, Sun 12:00~16:00
    - Public holidays closed.

5. Newtown Library
    - 8-10 Brown St Newtown NSW 2042 8512-4250
    - Mon&Wed 10:00~19:00, Tue · Thu&Fri 10:00~18:00, Sat 9:00~16:00, Sun 12:00~16:00
    - Public holidays closed.

6. Surry Hills Library
    - Crown Street(corner Collins St) Surry Hills NSW 2010 8374-6250

- Mon&Wed 10:00~19:00, Tue · Thu&Fri 10:00~18:00, Sat 9:00~16:00
- Sun&Public holidays closed.

7. Ultimo Library
   - Level 1, Ultimo Community Centre 40 William Henry St, 9298-3110
   - Mon to Fri 11:00~19:00, Sat&Sun 12:00~16:00
   - Public holidays closed.

8.Waterloo Library
   - Waterloo Town Hall 770 Elizabeth St Waterloo NSW 2017 9288-5688
   - Mon, Wed, Fri 10:00~18:00, Tue&Thu 10:00~19:00, Sat 9:00~16:00
   - Sun&public holidays closed.

9.Town Hall Library Link
   - Level 1, Town Hall House 456 kent St Sydney NSW 2000
   - Mon to Fri 8:00~18:00

한국 헌책방, 일본 헌책방

1. Second Book Shops
   - 601 George St 'Book & CD Exchange'
   - Hondarake Pty. Ltd 13/26A Lime St, King St whaf, sydney nsw 2000, 02-9299-3556, 02-9299-4774
   - 일본 중고책 서점에는 일본 만화책부터 일반 소설까지 없는 것이 없다.

2. 종로서적 본점
   - 12/12 Symond Arcade. Churchill Ave. Strathfield(TAB 2층) 8746-0045

3. 캠시 종로서적
   - 5 Anglo Rd. Campsie 2194(캠시 시계탑 광장 안), 9718-5843

4. 채스우드 종로서적

- Shop 15 Lamon Grove Shopping Centre 427-431 Victoria Ave Chatswood 2067(삼성 정육점 옆), 9884-9822
- 다른 체인점보다 종로서적 본점이 가장 크고(66m^2) 책도 많다. 그러나 가격은 한국보다 3배쯤 비싸다는 사실을 명심하라. 여기는 중고책이 없다.

5. Bridge Bookshop

- 10 Grafton St, Chippendale NSW 2008 Australia 02-9211-1660(브로드 쇼핑센터 근처, 센트럴 스테이션 근처)
- 쉬운 동화책이 많다. 현지 영어 선생님들이 자주 이용하는 서점이다.

오지슬랭 : 호주만의 독특한 영어표현

슬랭(slang)은 은어나 속어를 말한다. 사전에는 없지만 실생활에서 많이 쓰이는 단어다. 친한 친구들과 말할 때 주로 사용한다. 호주 친구를 사귈 때나 친한 친구가 되었을 때, 좀 더 친밀한 관계 유지를 위해 사용하면 좋다.

How's going?	How are you?, How are you doing there?
See ya!	See you later!
Hoo~ Roo!	Bye~
Fair dinkun!	정말로?
Wanna a tinnie?	맥주 한잔 어때?
I reckon ……	I think ……
Smoko?	담배 피우러 갈래요?
Aussie	호주 사람
Kiwie	뉴질랜드 사람
Shelia	여자애들을 지칭
Freak! Weird! Bizzarre!	너 엉뚱해, 괴짜구나!
Terrific!	잘했어! 오~놀라워.

오지 슬랭

arvo	afternoon	gonna/gunna	going to
av	avenue(street)	how ya going	how are you going/how are you
barbie	barbeque	intro	introduction
brekky	breakfast	mate	friend

bloody	very	mozzie	Mosquito
BYO	Bring your Own drink	nope-nap	no
chokki	chocolate	no worries	no problems/your welcome
chook	chicken	Roo	kangaroo
crook	not feel well	seeyalaytah	see you later
fair dinkum	honest or really	ta/thanks	thank you
fair go	equal treatment	tute	tutorial
footy	Australian rule football	uni	university
G'Day	Hi, Hello	ya/yep/yeah	yes

오지 영어 vs 미국 영어

	미국 영어	오지 영어
상점	Store	Shop
아파트	Apartment	Flat
추월	Passing	Overtaking
통조림	Can	Tin
영화	Movies	Cinema
주유소	Gas Station	Petrol
감자튀김	French Fry	Chips
전화하다	Call	Ring
렌터카	Rent a car	Hire car
예약	Reservation	Booking
휴지통	Garbage Can	Rubbish Bin
엘리베이터	Elevator	Lift

가솔린	Gas(Gasoline)	Petrol
테이크아웃	To go	Take away
공중화장실	Public Toilet	Dunny
자전거	Bicycle	Push Bike
안녕하세요	Hello	G'day mate
잘 지내요?	How are you?	How are you doing?
통화 중	line is busy	line is engaged
장거리 전화	long distance call	trunk call
전화하다	call(someone)	ring(someone)
바비큐	barbecue	barbie
유료로 빌리다	rent	hire
짐	baggage	luggage
길을 양보하다	yield	give way

상황별 영어

※ 연애의 영어표현

1. Do you come here often?	여기에 자주 오세요?
2. Haven't we met before?	전에 한번 만난 적 있지요?
3. Would you like to join me for a drink?	같이 마시지 않겠습니까?
4. Would you like to move to another bar?	다른 바로 갈까요?
5. You have good taste in clothes.	옷 입는 센스가 좋군요.
6. I've never met a person like you before.	너 같은 사람은 처음이야.
7. Would you like to go to a movie?	영화 보러 가겠습니까?
8. Will you please go out with me?	나와 사귀시겠습니까?
9. Will you please marry me?	나와 결혼해주시겠습니까?
10. I can't describe my love for you.	내 사랑을 표현할 수 없어.
11. No one loves you as much as I do.	너를 가장 사랑하는 사람은 나야.
12. My love for you grows with time.	너에 대한 사랑은 갈수록 강해진다.
13. I think about you all the time.	나는 언제나 당신을 생각합니다.
14. I care about you so much.	당신이 매우 걱정됩니다.
15. I wish I had met you earlier.	좀 더 빨리 만났다면 좋았을 텐데.
16. You are special.	당신은 특별합니다.
17. You are my everything.	당신은 내 모든 것입니다.
18. You are my whole life.	당신은 내 인생의 전부입니다.
19. You are the one who stole my heart.	내 마음을 빼앗은 것은 당신입니다.
20. Thank you for loving me.	사랑해줘서 고마워.
21. Do you have a boy friend?	남자 친구 있으세요?
22. She is well-built.	그녀는 몸매가 정말 예쁩니다.
23. Our date today was NATO (No action, talks only).	오늘 데이트는 그냥 대화로 그쳤어요.
24. I can't stop loving you.	당신을 사랑하지 않을 수 없어요.
25. I will love you as long as I live.	살아 있는 한 당신을 사랑할 겁니다.

26. He cheated on his wife. 그는 아내 몰래 바람을 피웠어요.
27. He two-times his wife. 그는 외도하고 있어요.
28. She always plays with love. 그녀는 장난삼아 연애를 해요.
29. A good Jack makes a good Jill. 여자는 남자하기에 달린 거예요.
30. Are you flattering on me? 나한테 작업 거시는 거예요?

※ 학교에서의 영어표현

1. What are you majoring at? 무얼 전공하십니까?
2. I'm majoring at Education. 교육학을 전공하고 있습니다.
3. What grade are you in? 몇 학년입니까?
4. Where do you go to school? 어느 학교에 다니십니까?
5. Do you have a part time job? 아르바이트를 하고 있나요?
6. She's an easy-going teacher. 그녀는 천하태평 선생님이에요.
7. What are you going to be when you grow up? 넌 커서 뭐가 될 거니?
8. How did the test turn out? 시험결과는 어떻게 되었나요?
9. What's your hobby? 취미가 뭐예요?
10. I overslept and was late getting to the school. 나는 늦잠을 자서 지각했다.
11. Our English teacher conducted a class entirely in English, so I couldn't understand well. 우리 영어 선생님은 시간 내내 영어로 수업하셨다. 그래서 잘 이해할 수 없었다.
12. What do you call this in English? 이것을 영어로 뭐라고 합니까?
13. How do you pronounce this word? 이 단어를 어떻게 발음하죠?
14. How do you spell it? 그것은 스펠링이 어떻게 됩니까?
15. How do you say that in English? 그럴 경우 영어로는 어떻게 합니까?
16. What does SeJong mean? SeJong은 무엇을 의미합니까?
17. What's the difference between 'a lady' and 'a woman' 'lady'와 'woman'의 차이점은 무엇입니까?
18. How well do I speak English? 제 영어 실력이 어떻습니까?
19. How did the test turn out? 다시 한 번 말씀해주시겠어요?

20. Would you mind repeating that? 다시 한 번 말씀해주시겠습니까?
(=Say that again.)

21. Don't be shy. 부끄러워하지 마세요.

※ 공항에서의 영어표현

1. Excuse me. Where is the JAL counter? JAL 카운터는 어디 있습니까?
2. Please weight your baggage. 손님의 짐을 저울에 달아보십시오.
3. Are they overweight? 무게가 넘었습니까?
4. Window seat or aisle? 창문 쪽 또는 통로 쪽을 원하세요?
5. Where should I go now? 이제 어디로 가야 합니까?
6. Your passport, please. 여권을 보여주십시오.
7. What's the purpose of your visit? 방문 목적이 무엇입니까?
8. How long are you staying? 얼마 동안 체류하실 예정입니까?
9. Would you please look for my suitcase? 제 여행 가방을 찾아주시겠습니까?
10. Anything to declare? 신고하실 것이 있습니까?
11. I'd like to reserve a room for tonight. 오늘 밤에 묵을 방을 예약하고 싶습니다.
12. When is the next limousine? 다음 리무진 버스는 언제 있습니까?

○ 공항에서 필요한 기본 영어단어

Check-In Counter	좌석을 배정받고 짐을 부치는 곳
Security Check	몸을 수색하고 휴대수하물을 검사하는 곳
Custom Office	세관 사무소
Exchange	환전
Duty Free Shop	면세점
Immigration	출입국관리소
Landing Strip	활주로
Flight	비행기
Control Tower	관제탑
Baggage	수하물

Passenger	승객
Boarding	탑승

※ 비행기 안에서의 영어표현

1. Please fasten your seat belt.	안전벨트를 착용해주십시오.
2. Would you please show me how to fasten this belt?	벨트를 어떻게 착용하는지 가르쳐주시겠습니까?
3. What kind of soft drink do you have?	음료수는 어떤 종류가 있습니까?
4. What will you drink? (= What would you like to drink?)	무엇을 마시겠습니까?
5. Is this whisky free?	이 위스키는 무료입니까?
6. Do you have airsickness medicine?	멀미약이 있습니까?
7. May I change my seat?	자리를 바꿔도 됩니까?
8. May I sit here?	이 자리에 앉아도 됩니까?
9. I'd like to set my watch to the local time.	현재 시간에 맞추고 싶습니다.
10. Soft drinks are complimentary.	음료수는 무료로 제공됩니다.
11. Flight attendants, please prepare for take off.	승무원, 이륙을 준비해주십시오.

○ 비행기 안에서 필요한 기본 영어단어

Cabin Crew	승무원
Captain	기장
window seat	창문 쪽 좌석
middle/center seat	한가운데
aisle seat	통로 쪽
smoking seat	흡연석
nonsmoking seat	비흡연석
seat belt	좌석벨트
reading light	독서 등

attendant call	승무원 호출
earphone/headphone jack	삽입구(콘센트)
channel selector	채널
volume control	음량조절
closet	옷을 넣는 장
fresh air inlet	통풍구
oxygen mask	산소마스크
life jacket/vest	구명동의
Rest room	화장실(occupied: 사용 중, vacant: 비어 있음)
facial tissue	얼굴 닦는 화장지

※ 아픔 표현하기

○ 머리

I feel dizzy.	어지러워요.
I have a headache.	머리가 아파요.
I have severe migraine.	심한 편두통이 있습니다.
My cheeks burn.	얼굴이 화끈거립니다.

○ 귀

I have a sever earache.	귀가 심하게 아픕니다.
Pus is coming out of my left ear.	왼쪽 귀에서 고름이 나옵니다.
My ears have suddenly started to hum.	귀에서 갑자기 윙윙거리는 소리가 납니다.

○ 눈

My eyes hurt so much.	눈이 너무 아픕니다.
I have prickling pain in my eyes.	눈이 찌르듯이 아픕니다.
Everything looks blurred.	모든 것이 흐릿하게 보입니다.
I see flickering things in front of my eyes.	눈앞의 사물이 흔들려 보입니다.

I seem to be color-blind	색맹인 것 같습니다.

○ 코

I have a running nose.	콧물이 납니다.
My nose is stopped up.	코가 막혔어요.
My nose often bleed.	코피가 자주 납니다.
When I blow my nose, my ears squeak.	코를 풀 때 귀가 울립니다.
I snore terribly in my sleep.	잠잘 때 코를 심하게 곱니다.

○ 치아

I have a toothache.	이가 아픕니다.
I have a cavity in a tooth and It's very painful.	충치가 있어서 매우 아픕니다.
It hurts so much I can't sleep at night.	너무 아파서 밤에 잠을 잘 수가 없어요.
When I chew on something, a sharp pain shoots through my jaw.	뭘 좀 씹을 때 심한 통증으로 턱까지 아픕니다.
I have a loose tooth.	이가 흔들립니다.

○ 입

My mouth is dry	입이 건조합니다.
My mouth forms a lot of saliva and feels very hot inside.	입에 침이 많이 생기고 열이 납니다.
I have an inflammation in my mouth.	입 안에 염증이 생겼습니다.
I have no appetite.	입맛이 없습니다.
I have a good appetite.	입맛이 좋습니다.
I have a rough tongue.	혓바늘이 돋습니다.

○ 가슴

※ 가슴은 chest를 사용한다. chest는 가슴 전체, heart는 추상적인 의미의 가슴(마음)을 의미한다.

I have pain in the chest.	가슴이 아파요.
There is a sudden sharp pain in my chest.	가슴에 갑작스러운 예리한 통증이 있습니다.

My chest throbs.	가슴이 쑤십니다.
It's hard to breathe.	숨쉬기가 힘듭니다.
I have heavy feeling in my chest.	가슴이 답답합니다.
I seem to have the symptoms of pneumonia.	폐렴증상이 있는 것 같습니다.

○ 등

I have sever pain in my back.	등이 심하게 아픕니다.
I have pulling pain in my back.	등이 당겨지는 통증이 있습니다.
When I tried to lift a heavy thing, I felt my back snap.	무거운 것을 들어 올리려고 할 때 등이 부러지는 것 같았습니다.
My back itches.	등이 가렵습니다.
I have stubborn boil on my back.	등에 딱딱한 종기가 생겼습니다.
I suffer from back pain.	요통으로 고생하고 있습니다.

○ 목

※ 목구멍(throat)은 식도다. 편도선(tonsil)은 임파선(lymphatic gland)이다.

I have a sore throat.	목이 아픕니다.
My throat hurts when I swallow.	삼킬 때 목이 아픕니다.
It's difficult to talk.	말하기 힘듭니다.
I think my tonsils are swollen.	편도선이 부은 것 같습니다.
I cough up phlegm.	가래가 나옵니다.
My neck is so painful that I can't turn it.	목이 너무 아파서 돌릴 수가 없어요.

○ 사지(Extremity) – 어깨, 손, 팔, 다리, 관절

My shoulders are stiff.	어깨가 뻐근합니다.
I got a splinter in my finger.	손가락에 가시 하나가 박혔어요.
I cut my hand with a knife.	칼로 손을 베었습니다.
I got stung by an insect.	벌레에 물렸습니다.
I have blister on my palm.	손바닥에 물집이 생겼습니다.
The muscles of arms and legs ache.	팔다리 근육이 아파요.
I have a sore foot.	발이 아픕니다.

I have cramps. 취가 납니다.
I have swollen foot. 발이 부었어요.
I sprained ankle. 발목을 삐었습니다.
I broke my leg. 다리가 부러졌습니다.
I sometimes have a pain in my knee 가끔 무릎이 아픕니다.

○ 그 밖의 신체 용어

- Head 머리
  Skull 두개골
  Hair 머리카락
  Brain 뇌
  Meninx(복수 Meninges) 수막
- Face 얼굴
  Forehead 이마
- Eye(s) 눈
  Eyelashes 속눈
  Eye Brows 눈썹
  Eyeball 안구
- Nose 코
  Ear(s) 귀
- Mouth 입
  Tongue 혀
  Gum 잇몸
  Jaw 턱
  Lip(s) 입술
  Tooth(복수 Teeth) 이
  Chin 턱
- Neck 목
  Throat 목구멍
- Shoulder(s) 어깨
  Arm(s) 팔
  Fore Arm 팔꿈치에서 손목까지
  Hand(s) 손
  Thumb(s) 엄지손가락
  Arm Pit(s) 겨드랑이
  Upper Arm 팔꿈치에서 어깨까지
  Wrist(s) 손
  Palm(s) 손바닥
  Finger(s) 손가락
- Leg(s) 다리
  Knee(s) 무릎
  Calf(s) 종아리, 장딴지
  Foot(복수 feet) 발
  Toe(s) 발가락
  Thigh(s) 허벅지
  Patella(s) 무릎마디
  Heel(s) 발꿈치
  Ankle(s) 발목
  Limbs(팔, 다리를 함께)
- Chest 가슴
  Nipple(s) 젖꼭지
  Breast 유방
  Stomach 배

Navel 배꼽(다른 말로는 Belly Button)

• Spin 척추	Heart 심장
Abdomen 복부	Oesophague(Esophagus) 식도
Bone 뼈	Skin 살, 살가죽
Muscle(s) 근	Blood 피
Nervous 신경	Cell 세포
Fat 지방	Liver 간장
Kidney 신장	Lung 폐
Lymph 혈	Lymphocytes 혈청
Rib(s) 갈빗대, 늑골	

※ 취미에 대해

1. What's your hobby?	취미가 뭡니까?
2. What do you do in your spare time?	여가에는 무엇을 하나요?
3. What's your favorite pop song?	좋아하는 팝송이 무엇입니까?
4. Do you play any musical instruments?	악기 다룰 줄 아세요?
5. What kind of music do you like?	어떤 종류의 음악을 좋아하나요?
6. Who is your favorite singer?	좋아하는 가수는 누군가요?
7. Shall we go together this Sunday?	이번 일요일에 함께 갈까요?
8. Let's flip for it.	동전을 던져서 결정합시다.
9. Let's play sides.	편을 가릅시다.
10. How do I turn it on?	이것은 어떻게 켜는 겁니까?

※ 스포츠 영어표현

1. Did you watch the soccer game?	그 축구경기 보셨어요?
2. The score was three to two in our favor.	3:2로 우리가 이겼어요.
3. The soccer game between Korea and Brazil was a draw.	한국과 브라질의 축구 경기는 비겼습니다.

4. The two teams were neck and neck until the last inning.	두 팀이 마지막 회까지 막상막하였어요.
5. Wel'l have to wait and see.	두고 봐야죠.
6. How often do you work out?	당신은 얼마나 자주 운동을 하세요?
7. The game ended in a tie.	경기는 무승부로 끝났습니다.
8. He's got good motor skills.	그는 운동신경이 발달되었다.
9. Who's your favorite?	누구를 응원하는 거죠?
10. The victory is ours.	승리는 우리의 것입니다.

※ 영화 볼 때

1. How much is admission?	입장료는 얼마입니까?
2. What are the show times?	상영시간이 어떻게 되죠?
3. How often do you go to the movies?	얼마나 자주 영화 보러 가십니까?
4. The seats are all sold out.	좌석이 매진되었습니다.
5. The movie is three hours long.	그 영화는 3시간짜리예요.
6. I wonder if you can join us.	저희와 함께 갈 수 있는지 모르겠네요.
7. What movies are on?	지금 상영되는 영화는 무엇인가요?
8. How did you like the movie?	그 영화 마음에 드십니까?
9. The movie story remains fresh in my memory.	그 영화 줄거리가 내 기억에 생생히 남아 있어요.
10. The movie scared me so much.	그 영화는 정말 소름끼쳤어요.

※ 길을 묻을 때

1. Would you show me the way to the station?	역으로 가는 길 좀 가르쳐주시겠어요?
2. Can you tell me the way to get to the nearest pay phone?	가장 가까운 공중전화가 어디에 있는지 아십니까?
3. I got lost on the way.	가는 도중에 길을 잃었어요.

4. How long will it take? 얼마나 오래 걸릴 것 같습니까?
5. Do I turn left, or right? 왼쪽으로 도나요, 오른쪽으로 도나요?
6. May I help you find what you're looking for? 무엇을 찾고 계신지 도와드릴까요?
7. Keep straight on. 계속 똑바로 가세요.
8. Turn right at the intersection. 네거리에서 오른쪽으로 돌아가세요.
9. It's two blocks from here. 여기서 두 구획을 가면 있습니다.
10. Where is the bus stop? 버스 정거장은 어디에 있습니까?

※ 의견을 나눌 때

1. That sounds like fun. 흥미 있는 얘기입니다.
2. It's up to you. 좋을 대로 하세요.
3. Don't worry (about it). (그 일은) 걱정하지 마세요.
4. I'm ready whenever you are. 당신만 준비되면 저는 언제라도 좋습니다.
5. I'd like to see you for a few minutes. 잠깐 만나 뵙고 싶습니다.
6. I don't care at all. 전 전혀 신경 안 써요(관계없어요).
7. There is no need. 그럴 필요 없습니다.
8. You take the good with the bad. 좋은 일과 나쁜 일은 늘 같이 있는 법이에요.
9. The more I see of it, the more I like it. 보면 볼수록 마음에 드네요.
10. You go your way and I'll go mine. 너는 너대로 해라. 나는 나대로 할 테니까.

※ 영어로 감정표현하기

1. There's just too much work for one person. 혼자 하기엔 일이 너무 벅차요.
2. I'm not myself today. 오늘 제가 제 정신이 아니군요.

3. You look terrible.	안색이 형편없군요.
4. Did you have something on your mind?	걱정되는 일이 있었나요?
5. How come you look so tired?	피곤해 보이는데 무슨 일 있나요?
6. I was all over the bed.	엎치락뒤치락하다 한숨도 못 잤습니다.
7. Suit yourself.	좋을 대로 하시오.
8. Sometimes being frank is the best policy.	때로는 솔직하게 털어놓는 것이 최선의 길이지요.
9. Everything will work out just fine.	모든 일이 잘될 거예요.
10. Out of sight, out of mind.	안 보면 마음조차 멀어진다.

※ 격려할 때

1. Come on, you can do that.	자, 힘을 내. 너는 할 수 있어.
2. I'm so proud of you.	난 네가 자랑스럽다.
3. Well, never mind.	자, 걱정할 것 없어요.
4. It's a piece of cake.	누워서 떡먹기예요.
5. Be of better cheer!	좀 더 힘내세요.
6. Everything will be fine.	모든 게 잘될 거예요.
7. Come to me if you are in any difficulty.	어려울 때는 저한테 오세요.
8. Calm down.	진정하세요.
9. Don't mind(Don't worry).	걱정하지 마세요.
10. Good luck!	행운을 빌겠어요.

※ 작별할 때

1. See you later	다음에 뵙겠습니다.
2. Have a good day.	즐거운 하루 보내세요.
3. Take care.	안녕히 계세요(살펴가세요).
4. Have a good trip!	즐겁게 여행하시길 바랍니다.
5. Have fun!	즐겁게 보내게!

6. It was a lovely party	멋진 파티였어요.
7. It's time to say goodbye and go home.	이젠 작별하고 돌아갈 시간이네요.
8. Can't you stay a little longer?	좀더 계시다 가시면 안 돼요?
9. I enjoyed talking with you.	얘기 즐거웠어요.
10. Let's keep in touch.	계속 연락하고 지내요.

도둑이 들다

Australia Working Holiday

호주 시드니에서 생활한 지 100일이 지났을 무렵이다. 마지막 수업이 끝나고 외국인 친구들과 처음으로 영화를 보러 갔다. 영화는 자막도 없이 듣고 바로 이해해야 하는 최고의 영어공부 방법이다.

'Mr. and Mrs. Smith'라는 액션 영화를 보고 저녁식사를 했다. 조용하고 분위기 좋은 BAR에서 'A$5 스테이크'를 먹었다.

"영화 좋았니?"

"응, 흥미진진했어! 넌?"

"나도."

"어느 정도 이해한 것 같니?"

"80퍼센트쯤."

"Wow! 나도 예전보다 듣기 더 편하더라!"

시간은 자정으로 향했다. 꿈같은 시간을 보내고 귀가했다.

집에는 문이 두 개 있다. 내가 이용하는 현관문과 플랫메이트(룸메이트)가 이용하는 거실문이다. 날마다 문 두 개가 닫혔는지 확인하고 잠을 청했다. 그날도 문이 닫혔는지 확인하려고 보니 플랫메이트가 거실문 앞에서 담배를 피우고 있었다. 그래서 그 친구가 잠그겠지 하고 먼저 잠을 청했다.

잠자는 동안 조금 추웠다.

"겨울인데 방문을 열고 자서 그런가?"

새벽 6시에 추운 몸을 비비면서 일어났다.

"춥다. 추워. 으스스하네~ 빨리 점심 도시락 싸야지. 그런데 왜 바지가 방 앞에 있지?"

이상한 기분에 바지 주머니에 손을 넣었다. 그런데 바지 주머니에 있어야 할 지갑이 없었다.

"없다! 지갑이 없다! Shit! Oh my god! 일어나! 도둑이다!"

"뭐? 도둑!"

눈앞이 캄캄했다. 정신을 차리고, 침착하게 집 주위를 둘러보았다. 공원에서 내 교과서와 노트를 발견한 것이 전부였다. 문을 확인하지 않은 것이 큰 사건을 부르고 말았다.

플랫메이트에게 물었다.

"어제 담배 피우고 나서 문 잠갔어?"

"아니."

미안하다는 말조차 없는 무심한 플랫메이트가 원망스러웠다. 한숨을 쉬며 마음을 다스렸다. 그를 다그치기 전에 일을 빨리 수습해야 했다.

"일단 잃어버린 것을 확인해보자!"

"그래."

지갑과 지갑 안의 돈, 카드, 사진, 그리고 가방, 전자사전, MP3, 디지털카메라, 핸드폰 등이 없어졌다. 도둑은 긴장했는지 방문에서 보이는 것만 가지고 달아났다. 다행히 여권은 남겨두었다. 물건은 다시 구입하면 된다. 내 몸이 건강함에 감사하며 빨리 잊기로 했다. 엎질러진 물은 주워 담을 수 없다. 빨리 잊고 다시 시작하는 것이 중요하다던 아버지 말씀이 떠올랐다. 잊기는 힘들었지만 앞으로 할 일을 계획하면서 학교에 갔다.

학교 친구들과 선생님께 태연한 척하며 도둑 이야기를 했다. 친구들이 걱정했다.

"괜찮니?"

나는 멋쩍게 웃으며 대답했다.

"응! 몸은 다치지 않았어, 괜찮아. 돈이야 벌면 되는데 돈보다 더 중요한 것을 잃어버렸어. 내 다이어리를 가져갔어. 100일 동안 쓴 일기와 호주 워킹홀리데이에 관한 수많은 정보가 그 다이어리에 있거든."

"정말? 네가 항상 들고 다니던 검은색 노트?"

"응."

도둑과 전화통화가 가능하다면 다이어리만 집 앞에 놓고 가라고 하고 싶은 심정이었다. 순간순간 사실적인 내 감정을 담은 일기는 돈으로도 살 수 없기 때문이다.

"손해를 얼마나 보았니?"

"A$1,000쯤."

"뭐? A$1,000? 왜 그렇게 돈을 많이 가지고 있었니?"

"전날 식당에서 받은 주급과 비상금이야. 그리고 전자사전, 가방, 지갑 등."

"잃어버린 핸드폰에 전화해보자."

"그래, 좋은 생각이다."

선생님이 전화를 걸어주셨다.

"여보세요. 왜 내 친구 핸드폰을 훔쳐갔니?"

"훔치지 않았어. 거리에서 주웠어."

"너는 어디야?"

"파라메타 로드."

띠- 띠-

도둑이 바로 전화를 끊었다.

경찰서는 집에서 멀리 떨어져 있었다. 집으로 돌아오는 길에 이웃에게 도움을 청해서 경찰서에 전화를 걸어 문의했다. 지금은 근무 시간이 아니므로, 내일 집으로 온다는 답이 돌아왔다. 다음 날, 남자 경찰과 여자 경찰이 집으로 왔다. 나는 그날 일을 자세하게 설명했다. 하지만 그들은 단지 보고서를 형식에 맞게 작성했을 뿐 아무런 도움도 주지 못했다.

"침착하세요. 최선을 다해 수사해보겠습니다."

그 말뿐이었다. 정신적인 안정도 얻을 수 없었다.

"지문 검사는 내일합니다. 절대 아무것도 만지지 마세요."

"네? 오늘 하지 않고, 또 내일입니까?"

결국 좀도둑 사건을 조사하는 데 3일을 끌었다. 호주 경찰에 대해 믿음이 사라졌다. 그로부터 2주일이 흘렀다. 인근 경찰서에서 보낸 편지가 도착했다. 그 안에는 리포트처럼 두꺼운 설문지가 있었다. 2차 범죄를 예방하기 위해 하나씩 체크하란다. 영어시험도 아닌데,

100문항이 넘었다. 일을 겪고 보니 경찰은 국민의 지팡이가 아니라 사건만 접수하는 회사에 지나지 않았다.

현지인들은 A$1,000 손실은 큰일이 아니라고 생각할지도 모른다. 그러나 내게는 재산의 절반이었다. 많이 속상했지만 잊기로 했다. 최고의 해결책은 빨리 잊고 다시 시작하는 것이니까.

TIP-BOX

긴급상황 대처법

1. Police, Fire, Ambulance 000 In an emergency(번호 000)
보험회사에 꼭 신고하라. 장기(1년 이상)보험은 도난보험이 없다. 그러나 단기(3개월)보험은 도난보험이 된다.
공정거래센터 문의: 13 32 20, www.fairtrading.nsw.gov.au
호주 시드니 한인회 61 2 9798 8800 www.koreanet.org.au

2. 'Shopping Day'
호주에서는 집값, 급여 모두 1주일 단위로 지급한다. 목요일은 대부분의 회사가 급여를 지불한다. 수입이 생기면 바로 지출하라는 것이다.
주마다 약간 차이는 있지만 평소에는 17, 18시까지 영업하고 목요일에는 21시까지 영업한다. 사람들은 대개 목요일에 급여를 받아서 쇼핑한다. 그 다음 주가 되어 돈이 떨어지면 화요일에는 싼값으로 극장에 갈 수 있게 만들어놓았다.

3. 'Movie Day'
영화 1편당 A$15이지만 'Movie day'인 매주 화요일에는 절반 가격인 A$8.50에 볼 수 있다. 영화마다 다르지만 학생증을 제시하면 A$1 더 할인받을 수 있다.

생필품 구입요령

물건을 사고 나면 영수증을 꼼꼼히 챙겨두는 것이 생활의 지혜이다. 대형 쇼핑몰에는 우체국이나 은행이 있다. 대형 쇼핑몰의 개점 시간은 보통 09:30부터 17:30이다. 세일하는 품목은 문구가 붙어있다.

'Discounted', 'Reduced, Save Dollars!'

집으로 오는 광고전단(junk mail)을 보면 할인 품목이 무엇인지 알 수 있다. 의류나 가격이 비싼 것은 Lay-By(나눠서 일정 금액씩 내는 것)로 구입할 수도 있다.

※ 쌀

중국, 말레이시아산의 'long rice(인디카 쌀, 길쭉하게 생겼다)'를 사지 말고, Sun Rice 회사의 'White Calrose medium grain rice(자포니카 쌀, 한국에서 주로 먹는 품종)'를 사야 한다.

※ 육류

슈퍼마켓이나 정육점(butcher shop)에서 값싸고 질 좋은 고기를 살 수 있다. 특히 곰탕에 쓰이는 뼈는 아주 싸다.

○ Shopping Day

매주 목요일이 쇼핑 데이라서 쇼핑센터가 저녁 9시까지 문을 연다.

○ 마이어(Myer)

호주의 유명 고급백화점으로, 여성 구두와 고급 화장품이 많다. www.myer.com.au

○ 데이비드 존스(David Jones)

고급백화점으로, 고급 의류 브랜드가 많다. www.davidjones.com.au

○ 웨스트필드(Westfield)

대형 쇼핑몰 체인이다.

○ 울월스(Woolworth)

대형 할인마트로, 식품 코너가 가장 좋다. www.woolworths.com.au

○ 콜스(Coles)

대형 할인마트이다. www.coles.com.au

○ 빅 더블류(Big W)

종합 할인마트로, 과자, 음료수 외에 식품류는 없다. 값이 싸고 세일을 자주한다. www.bigw.com.au

○ 타깃(Target)

빅 더블류 같은 할인마트로, 의류와 신발, 식기류가 좋다. www.target.com.au

○ 아이지에이(IGA)

소규모 독립 슈퍼마켓이다.

○ 프랭클린(Franklins)

저가의 물건을 취급하는 슈퍼마켓이다.

※ 나라별 신발, 의류 사이즈

호주의 의류와 신발 치수는 유럽, 일본, 북미 단위를 사용한다. 대개 약간씩 차이가 있기 때문에 구입 전에 꼭 입거나 신어보기 바란다.

○ 남성 신발 사이즈

한국	250	255	260	265	270	275	280	285	290
미국	7.5	8	8.5	9	9.5	10	10.5	11	11.5
유럽	38.5	39	39.5	40	40.5	41	41.5	42	42.5
영국	6.5	7	7.5	8	8.5	9	9.5	10	10.5
일본	25	25.5	26	26.5	27	27.5	28	28.5	29

○ 여성 신발 사이즈

한국	225	230	235	240	245	250	255	260	265
미국	5.5	6	6.5	7	7.5	8	8.5	9	9.5
유럽	36	36.5	37	37.5	38	38.5	39	39.5	40
영국	3	3.5	4	4.5	5	5.5	6	6.5	7
일본	22.5	23	23.5	24	24.5	25	25.5	26	26.5

○ 남성복 사이즈

미국	S	M	L	XL	XXL
한국 · 일본	90~95	95~100	100~105	105~120	120 이상
유럽식	38~40	42~44	46~48	50~52	54 이상

○ 여성복 사이즈

미국	XS(2~4)	X(4~6)	M(8~10)	L(12~14)	XXL(14~16)
한국 · 일본	90 이하	90	95	100	100 이상
유럽식	36	38	42	46	50

※ 시드니 한일타운 지역

이 지역은 집값은 싸지만 시티까지 교통비가 든다. 밤에는 우범지역을 혼자 다니면 안 된다.

- 스트라스필드(Strathfield), 캠시(Campsie) : 한인가게가 아주 많다.
- 리드컴(Lidcombe) : 한인교회, 한인가게가 많다.
- 채스우드(Chatswood), 이스트우드(Eastwood)

※ 호주의 재래시장

○ 멜버른의 퀸 빅토리아 마켓(Queen Victoria Market)

- Tuesday: 06:00~14:00, Thursday: 06:00~14:00
- Friday: 06:00~18:00(General merchandise closes at 16:00)
- Saturday: 06:00~15:00 Sunday: 09:00~16:00
- Closed every Monday and Wednesday, Good Friday, Anzac Day, Melbourne Cup Day, Christmas Day, Boxing Day and New Year's Day
- Location: Queen Victoria Market is located on the corner of Elizabeth and Victoria Streets, Melbourne
- www.qvm.com.au

○ 시드니의 패딩턴 마켓(Paddington Market)

- office hours: 10:00~16:00 Wednesday to Saturday
- Location: 395 Oxford Street Paddington
- www.paddingtonmarkets.com.au

○ 브리즈번의 사우스 뱅크 마켓(Southbank Market)

- Friday: 05:00~22:00, Saturday: 10:00~17:00, Sunday: 09:00~17:00
- Stanley Street Plaza South Bank QLD 4101
- Tel: 07 3844 2440

• www.southbankmarket.com.au

○ 퍼스의 프리맨틀 마켓(Fremantle Market)

• Friday: 09:00~21:00, Saturday: 09:00~17:00, Sunday: 10:00~17:00
• Corner of Henderson St. & South Terrace

○ 케언즈의 러스티 마켓(Rusty's Market)

• Friday: 05:00~18:00, Saturday: 06:00~15:00, Sunday: 06:00~14:00
• Between Grafton & Sheridan St.

○ Second Hand Shop(중고품)

가구, 전자제품, 의류, 침구류, 주방용품, 스포츠용품까지 없는 것이 없다.

○ Garage Sale

신문을 뒤적이면 Garage Sale이라는 광고를 쉽게 볼 수 있다. 집에서 쓰던 물건을 자신의 집에 전시해놓고 신문광고를 내서 팔기도 한다.

※ **담배**

담배에 관세가 무척 많이 붙어 담배 값이 엄청나게 비싸지만 값이 싼 담배도 있다. 그램 단위로 판매하는 말아 피우는 담배를 피우는 사람들도 쉽게 볼 수 있다.

※ **술**

아무 곳에서나 살 수 없다. Bottle shop, Liqueur shop에서 사야 한다. 펍에서 술을 마실 수는 있으나 들고 나오지는 못한다. 맥주병을 들고 거리에서 마실 수 없게 법으로 정해져 있다. 술을 파는 식당이 지정되어 있다. B.Y.O.bring your own bottle(술은 각자 지참할 것)라고 적힌 식당은 술을 손님이 가져가서 마실 수 있는 것이 특징이다.

약 구입하기

약국을 미국에선 Pharmacy, 호주에선 Chemist로 표기한다. 호주 약국은 약 외에 화장품이나 필름 등을 판매하기도 하며 사진현상을 대행하기도 한다.
병원(Hospital)에 가는 일은 쉽지 않다. 복지가 잘되어 있어 병원비도 공짜고 수술비도 공짜다. 하지만 예약하고 몇 달 기다려서 진찰을 받아야 한다. 호주 사람들도 돈을 내고 의사한테 가는 경우가 많다. 처방전 없는 약을 구입할 때에도 반드시 의사나 약사와 상담하여 본인에게 맞는 약을 먹어야 한다.

○ 진통제

Panadol, Panadeine, Nurofen이 진통제이며 해열제 역할도 한다.
Naprogesic, Ponstan은 생리통약이다(Ponstan은 가격이 Panadol의 두 배다).

○ 감기약

종합감기약으로는 Codral, Dimetapp이 있다. 기침 시럽으로는 Benadryl, Robitussin, Duro-tuss가 있는데 증상에 따라(마른기침, 가래 끓는 기침) 선택하면 된다. 코가 막히고 콧물만 날 때는 Sudafed, 목이 아플 때는 Strepsils, Difflan, Cepacaine을 먹는다.

○ 알레르기

알레르기가 생겼을 때는 Claratyne, Telfast, Polaramine(수면제 첨가)을 먹는다.

○ 설사

설사가 나면 충분한 수분섭취가 매우 중요하다. Gastrolyte나 Hydralyte는 몸에 수분을 섭취시키는 약이다. 또 설사를 멈추는 약으로는 Imodium, Gastro Stop이 있다.

○ 벌레에 물렸을 때

Medi creme, Soov, Paraderm Plus 같은 크림이 있다. Rid나 Bushman처럼 벌레에 물리는 걸 예방하는 약도 있으니 캠핑 가거나 야외에 나갈 때 준비하면 좋다.

우체국 이용하기

빨간색 우체통은 일반 우편, 노란색 우체통은 빠른우편이다. 빨간색 우체통에는 구멍이 두 개인데 시내(왼쪽)와 시외(오른쪽)를 구분한다. 호주 우체국은 주중 9시부터 17시까지 근무하고, 토요일에는 근무하지 않는다. 우편물이 한국까지 도착하는 데는 평균 3~10일 걸리고 무게에 따라 요금을 책정한다. 꼭 South Korea라고 표기해야 한다.

○ 운송 방법

시간과 가격에 따라 급행(Express)과 비용이 약간 덜 들지만 시간이 더 걸리는 이코노미 항공편, 값이 훨씬 싼 해운편이 있다. 특별히 안전하게 보내야 하는 물건은 등기로 보내는 것이 안전하다.

○ 한국으로 편지 보내기

봉투에는 크게 두 가지가 있다. 하나는 Postage Paid(우표 값이 포함된) 봉투이고, 또 하나는 우표를 사서 붙여야 하는 일반 봉투이다. 일반 봉투에는 1달러짜리 국외용 우표를 붙여야 한다.

○ 우표(stamp)

국내용(within Australia) : 어느 지역으로 부치든 관계없이 50센트이다.

국외용(international) : 간단한 편지나 엽서는 우체통에 넣으면 되고, 속달우편(express mail 또는 special delivery)이나 서류(registered mail) 등은 직접 우체국 창구에서 보내면 된다.

○ 소포(parcel)

두꺼운 종이 재질로 포장한 다음 우체국에 가서 보내면 된다. 짐 하나당 20kg까지 가능하며 요금은 kg당 A$20~30이다. 호주에서 한국 또는 한국에서 호주로 부친 우편물이 도착하는 데는 항공편이 7일, 배편은 한 달쯤 걸린다. 항공과 선박, 도로를 합한 SAL(Surface Air Lifted) 우편으로 보내면 14일 정도 걸린다. 우편과 소포 요금 문의는 우체국 사이트(www.post.com.au/pac)에서 하면 된다.

CHAPTER. 03

즐겨보기

스쿠버다이빙

Australia
Working Holiday

호주에서 관광, 레저, 스포츠를 경험하지 못한 사람은 앙꼬 없는 찐빵을 먹은 것과 같다. 그 가운데 스쿠버다이빙은 단기간에 국제자격증까지 취득할 수 있다. SCUBA는 Self Contained Underwater Breathing Apparatus라는 말의 머리글자를 따서 만든 합성어이다. 'Underwater Breathing Apparatus'는 '수중호흡장비'라는 뜻이고, 'Self Contained'는 '독립되었다'라는 뜻이다. 즉, SCUBA를 풀어보면 독립식 수중호흡장비라는 뜻이다.

시드니에서 랭귀지 스쿨을 다닐 때였다. 학교 게시판의 스쿠버다이빙 정보를 보고 팀을 만들기로 결심했다. 친구들 네 명을 모아 팀을 꾸렸다. 혼자 하는 것보다 팀으로 교육받으면 할인혜택이 있기 때문이다. 자격증을 꼭 얻고 싶으면 약간 비싼 한국잠수부학교에 등록하면 되고, 끈기, 열정, 도전을 좋아하면 영어공부도 함께할 수 있는 현지 스쿠버학교에 등록하면 된다. 다이빙을 하기로 계획했다면 체험만 하지 말고 초급과정(Open Water) 3일과 중급과정(Advanced Diver, 2주)까지 함께 밟길 권한다.

우리 팀은 현지 스쿠버다이빙 학교와 계약을 맺었다. 1인당 A$500로 'ADVANCED DIVER'까지 도전하기로 했다. 우리는 교재와 비디오테이프를 받아서 미리 공부하기 시작했다. 그런데 교육 1주일 전에, 함께 등록한 일본인 여자 친구 둘이 그만두겠다고 했다.

"미안해, 맥. 같이 못 할 것 같아! 룸메이트가 스쿠버다이버 강사인데 영어로 수업을 받고 자격증까지 따는 것은 힘들대. 아직 겨울이라서 바닷속도 춥고. 호주는 사망률 1위가 상어로 인한 사고래. 무서워서 못하겠어. 미안해!"

"지금 그만두면 입학비 A$50를 돌려받을 수 없는데도 괜찮겠어?"

"어쩔 수 없지. 안전이 우선이니까."

"그래. 알았어. 그럼 입학비는 내가 꼭 찾아서 돌려줄게!"

"아니야. 우리 잘못이니까 신경 쓰지 마. 안 받아도 돼."

우리 팀의 스쿠버 지도자 파블로는 '호주에서 스쿠버다이빙을 배우는 것은 전문용어를 미리 공부하고 영어만 어느 정도 이해하면 가능하다'고 했다. 일본 친구들의 염려에 조금 걱정되기는 했지만, 스쿠버다이빙을 하고 싶다는 마음에는 변함없었다. 학교 게시판에 스쿠버다이빙 멤버를 구한다는 공고를 붙였다. 주위 친구들에게 물어보면서 멤버를 찾다가 한국 남자 두 명을 만났다. 나를 포함해 한국 남자 세 명, 일본 친구 한 명이 한 팀이 되어 교육을 받기로 했다. 두 명을 채워서 입학비 A$50를 일본인 친구들에게 돌려줄 수 있었다. 이 덕분에 그들과 아직도 연락하는 친한 친구로 지내고 있다.

스쿠버다이빙을 배우려면 먼저 지정 병원에서 건강검진을 통과해야 한다. 병원마다 진단 형태는 비슷하지만 가격은 천차만별이다. 그 가운데 시드니대학 부설병원이 가장 가깝고 쌌다. 병원진료를 받으려면 예약은 필수다. 예약전화를 하는 겸 주소를 물어보고 병원으로 갔다. 병원에 도착하자마자 130문항이나 되는 자기건강진단 설문지를 받았다. 사전에도 나오지 않는 전문의학용어가 많았다. 설문지 내용은 '간암을 앓은 적이 있나?' 하는 식의 질문이었다. 특별한 이상이 없으면 대부분 'No'를 선택하면 된다. 우리는 간호사에게 하나하나 물어보면서 설명을 듣고 이해한 뒤 설문을 마쳤다. 안 해도 될 것 같은 건강진단이었고 결과는 모두 몸이 건강하다는 것이었다.

첫째 날 교육받으려던 수영장이 대청소를 하느라 문을 닫았다. 그래서 우리는 바로 바다로 갔다.

"슈트 입고 따라와."

"슈트라니! 멋지다!"

멋진 슈트에 마음은 벌써 전문가였지만, 막상 시작하려니 스쿠버 다이빙은 쉽지 않았다.

“저기 반대편을 찍고 와. 깊이 약 10m, 왕복 약 200m. 체력 테스트야. 뛰어 들어가!”

“정말로? 수영 잘 못하는데 위험하지 않나요?”

“괜찮아! 찍고 와!”

머뭇거렸지만 자격증을 위해서는 어쩔 수 없었다.

“가자!”

호주의 바다는 한국과 달랐다. 물은 깨끗했지만 파도가 높고 너무 깊었다. 슈트 덕에 몸이 저절로 둥둥 떴다. 그러나 수영을 빨리 할 수는 없었다. 그래도 스노클링(Snorkeling), 스노클숨대롱, 물안경,

Fin오리발, 납으로 된 중량벨트를 이용한 수중관광과 다이빙까지 이어서 차근히 배웠다.

가장 힘들었던 점은 다이빙할 때 입으로만 숨 쉬는 것이었다. 처음에는 물에 들어가기조차 힘들었다. 1m를 잠수했을 때 숨이 막혀왔다. 죽을 것 같아 혼자 수면 위로 박차고 올라와서, 물안경을 벗어던졌다.

"하악! 하악! 하악!"

"맥, 왜 그래. 괜찮니?"

"숨을 못 쉬겠어요."

"좋아. 릴렉스. 숨을 깊게 들이쉬었다 내뱉어봐."

"휴~ 하~, 휴~ 하~ 입으로만 숨쉬기가 힘들어요."

"좋아. 다시 천천히 들어가자! 알았지? 천천히 입으로만 숨 쉬는 거야!"

다행히 입으로만 숨 쉬기는 다이빙을 계속할수록 편안해졌다.

다이빙에서 가장 힘든 때는 물속에 들어갈 때, 물에서 나올 때다. 다이빙 장비의 무게는 20kg 정도인데, 이 장비를 메고 물속으로 들어가거나 나올 때, 몸을 컨트롤하기가 쉽지 않다. 하지만 물속에서는 무게가 전혀 느껴지지 않아 오히려 부담이 없었다.

물속은 또 다른 아름다운 세상이었다. 살아 숨 쉬는 생물과 함께 물속에서 호흡한다는 사실이 신기했다. 다이빙 도중 지도자인 파블

SEATEC

SEATEC

로가 손가락으로 무엇인가 가리켰다. 분홍빛이 나는 '해마'가 물속에서 날고 있었다. 서로 신호하면서 해마 입에 뽀뽀하기로 했다. 정말 귀여워서 애완동물로 키우고 싶었다. 나도 물속 생물이 된 것처럼 느껴졌다.

한 시간 동안의 탐험이 빠르게 지나갔다. 장소를 변경하면서 다이빙을 계속했다. Shark point, Deep diving(20m), Night diving 코스를 마쳤다. 그중에서도 Night diving이 가장 스릴 있었다. 비, 바람으로 파도가 거셌고 바다 속은 깜깜해서 앞사람조차 볼 수 없었다. 길을 잃지 않으려고 긴장하며 따라가 물속 바닥에서 모두 둥그렇게 원을 만들었다. 랜턴을 꺼내 수신호로 가는 방향을 정하고 출발했다. 6명이 바닥을 비추며 일렬로 행진하는 모습은 침투작전을 펼치는 특공대 같았다.

나는 중급과정까지 신청했기 때문에 스쿠버다이빙 탐험은 2주 간 계속되었다. 2주 동안 여러 곳에서 다이빙을 많이 해서 지칠 대로 지쳤지만, 미지의 세계를 탐험한다는 재미에 푹 빠졌다. 자격증을 획득하고 우리 팀은 함께 북쪽으로 여행을 갔다. 영화에서만 보던 캠프장에서 잠도 자고, 물속에서 사냥도 하고 큰 물고기도 잡아 구워 먹었다. 사냥은 두 명이 한 팀으로 했는데, 물속에서 내 키만 한 작살을 장전하고 쏘기까지 너무 힘들었다. 처음에는 재미로 고기를 잡다가, 내가 쏜 활이 물고기를 뚫고 지나가는 모습을 보았다.

"내가 지금 뭐하고 있지? 재미를 위해 물고기를 죽이다니."

끔찍한 느낌이 몰려왔다. 더는 사냥할 수 없었다.

그런데 갑자기 파블로가 멀리서 큰 소리로 내 파트너인 일본 친구에게 소리치기 시작했다.

"멀리 떨어져! 어서 비켜!"

일본 친구는 부표(buoy)를 잡고 있었다. 부표에는 잡은 물고기들이 피를 흘리며 줄줄이 매달려 있었다. 그는 파블로의 말을 듣지 못했다. 파블로가 욕까지 하면서 소리쳤다.

"비켜! XX! 부표 잡지 마! XX!"

"파블로가 왜 욕을 하지? 이상하네."

그때 바닥 쪽에서 검은 그림자가 지나갔다. 몸이 굳어 움직일 수 없었다.

상어다!

이제 끝이구나. 다들 긴장했지만 다행히 상어는 우리 주위를 돌다가 깊은 곳으로 사라졌다. 부표 쪽에서 나는 피 냄새를 맡고 온 것 같았다. 파블로는 더 깊은 곳에서 상어를 보았고, 다급함에 일본 친구에게 부표에서 떨어지라고 소리쳤던 것이었다. 다행히 먼저 공격하지 않으면 사람을 해치지 않는다고 교육받았던 2m쯤 되는 상어였다. 정말 아찔한 순간이었다.

스쿠버다이빙을 하려면

스쿠버다이빙 교육 코스

체험다이빙(Discover Scuba Diving, 2시간)_초급과정(Open Water, 3일) → 중급과정(Advanced Diver, 2주) → Dive Master(Rescue Diver, EFR, 3~6개월 이상) → 강사(Instructor) → 강사트레이너(Instructor Trainer)

스쿠버다이빙 공고문

- Open Water+Advanced Course A$500
- Open Water or Advanced Diver Course Includes?
  The course is a 4 days program.
  You will qualify you to become an Open Water or Advanced Diver and receive an International Certification to dive anywhere in the world for life.
  PADI or SSI International Certification.
  Ocean Dives, Pool Session.
  Text book(borrow); in English&Korean&Japanese etc.
  The use of the complete set of scuba equipment.
  Transportation can be arranged(city).
- What do you need?
  Swim towel, Swim suit, Sun screen, Be medical fit.

○ 건강검진 지정 병원

Sports medicine at sydney university cnr Western AVE
and physics Road University of Sydney NSW 2006(02-9351-8118)
시드니에서 가장 싼 병원이다. 한 명당 진료시간이 30분쯤으로 A$66에 진찰받았다.

스카이다이빙을 하려면

대개 조교 한 명이 한 사람을 담당한다. 조교는 안전장비를 모두 채워주고 설명을 해준다. 뛰어내릴 때는 팔을 x자 모양으로 하는데, 조교가 신호하면 편다. DVD를 신청하면 시계처럼 생긴 카메라를 준다. 이것을 차고 문이 없는 비행기에 탑승한다. 비행기는 1만 4,000피트 높이까지 오른다. 비행기에 걸터앉아 있다가 조교와 같이 카운트 없이 뛰어내린다.

○ **시드니**

Head Office & Administration 1800 805 997 (02) 97919155
Int+61 2 97919155 677 Tower Road Bankstown Airport NSW 2200

○ **Skydiving Centre**

Corner Picton Rd and M5 Freeway (Hume Highway)
admin@sydneyskydivers.com.au

○ **Booking**

www.sydneyskydivers.com.au
Freecall 1800 805 997 (02) 9280-4355

○ **브리즈번**

www.skydiveredcliffe.com.au   1300 788 555

○ **스카이다이빙 콤보**

"A$275 pp Includes"

- Free Courtesy bus from our city office.
- Free Internet cafe usage in city office.
- Tandem Skydive from 14,000ft.
- Full colour 1st Jump certificate.
- 3month student skydiving licence.
- Discount 2nd Jump.

축구로 하나 되다

Australia
Working Holiday

학교에 다니면서 외국인 친구들을 폭넓게 만나려고 축구클럽을 만들기로 하고 게시판에 모집 공고를 붙였다. 처음에는 마음이 통하는 몇몇으로 축구를 시작했다. 장소는 넓은 잔디가 있는 '뉴사우스웨일스 아트 갤러리(Art Gallery of New South Wales)' 앞이었다. 서로 친구를 한 명씩 데려오면서 인원이 증가했다.

매주 수요일 오후 6시와 토요일 점심에 모여 축구를 했다. 수요일 오후 6시쯤 시드니 아트 갤러리 앞을 지나면 축구하는 친구들을 볼 수 있다. 브라질, 호주, 이탈리아, 독일, 일본, 한국, 아르헨티나, 타이완 등 축구를 잘하는 국가에서 온 친구들이 다 모이는데, 무작위로 섞어서 팀을 만들었다. 온라인 게임 'FIFA 월드컵'에 직접 출전하여 뛰는 느낌이 들었다. 서로 간단한 소개를 하고 경기를 시작했다.

"이름이 뭐니?

"난 맥이야. 너는?"

"나는 션(Shun)이야."

"난 한국인인데 넌?"

"난 일본인."

축구클럽에서 만난 션과 나는 많이 친해졌다. 스쿠버다이빙을 하기 전에는 션과 함께 수영을 연습하곤 했다. 션이 사는 아파트는 헬스와 수영, 사우나를 무료로 할 수 있었다. 호주의 현대적 아파트는 편의 시설이 포함되어 있고, 보완이 철저해 자기 마음대로 원하는 층에서 내릴 수 없다. 아파트에 들어갈 수 있는 방법은 두 가지다. 카드 키를 이용하거나 인터폰을 이용하는 방법이다. 헬스장, 수영장, 사우나에는 카드 키로만 출입할 수 있다.

잔디밭에서 1시간 30분쯤 땀을 흘렸을 때 일본인 친구가 말했다.

"Pub에 가자!"

"왜?"

"오늘이 호주 FIFA 월드컵 마지막 경기야. 응원하러 가자!"

"좋아! 그럼 다들 '샤크 바'로 가자!"

축구클럽 친구들과 샤크 바에 도착해 보니, 큰 스크린 쪽에 사람들이 모여 있었다. 나도 한 손에는 맥주를 들고, 다른 손으로 어깨동

CeBIT
australia

무하고 축구를 관람했다. 호주가 극적으로 역전승했다.

"삑!"

승리의 호루라기 소리가 울렸다. 이리하여 호주는 32년 만에 월드컵 출전권을 따게 됐다. 호주의 길거리와 차도에는 승리의 함성이 끊임없이 쏟아져 나왔다. 나는 2002년 월드컵 16강전에서 안정환이 이탈리아 골문에 역전골을 넣었을 때가 떠올랐다. 우리나라가 그랬듯이 히딩크의 도움으로 호주에서도 기적 같은 일이 일어난 역사적인 순간이었다. 학교, 관심, 직업, 국적 모두 달랐지만 모두 축구로 하나가 되었다. 어디에서든 친구를 쉽게 사귀려면 운동을 매개로 만나는 것이 가장 좋은 방법 같다.

TIP-BOX

- Pub과 Bar의 입장료는 무료다. 물은 어디서나 공짜.
- 클럽에는 반드시 패스포드를 가지고 긴 바지를 입고 가야 한다. 모자, 슬리퍼, 스포츠 운동화는 착용하면 안 된다. 모자는 어떤 모자든 들어갈 때 꼭 벗어야 하고 Pub마다 다르지만 스포츠 운동화는 신으면 안 된다.

TIP-BOX

• **취향별 맥주 고르기**

– 생맥주(draft)

– 센 맛(bitter)

–쓴맛(lager)

• **지역별 유명 맥주**

지역	유명맥주
퀸즐랜드	포엑스(xxxx), 파워스(Powers)
웨스턴오스트레일리아	스완(Swan), 웨스트엔트(Westend)
빅토리아	빅토리안 비터(Victorian Bitter)
멜버른, 뉴사우스웨일스	투헤이즈(Tooheys)
시드니, 태즈메이니아	케스케이드(Cascade)

※ 알코올 음료 바카디도 좋다. 레몬, 체리, 메론, 오렌지 등 여러 가지 맛이 있다.

호주 요리

○ **베지마이트**(Vegemite)

채소를 페스트 모양으로 만들어 토스트에 발라 먹는데, 호주 사람들의 아침식사로 빼놓을 수 없다.

○ **미트파이**(Meat Pie)

닭이나 쇠고기를 갈아서 만든 파이로, 그린피스나 글레비 소스를 뿌려 먹는다.

○ **키드니 파이**(Kidney Pie)

양파, 쇠고기, 소의 신장을 파이에 끼워 구운 것이다.

○ **악어크림파이**(Crocodile Cream Pie)

호주에서 개발한 악어요리. 닭고기맛과 비슷하고 담백하다.

○ **피시 & 칩스**(Fish & Chips)

흰살생선과 포테이토를 기름에 튀긴 것으로, 영국 요리이지만 호주인이 즐겨 먹는다.

○ **캥거루 스테이크**(Kangaroo Steak)

고기는 좀 딱딱하지만 씹으면 씹을수록 색다른 맛이 난다.

○ **에뮤 스테이크**(Emu Steak)

새고기로 만들었는데도 육질이 육식동물 고기에 가깝게 느껴진다.

○ **에버리지니 요리**

호주 원주민인 애버리지니의 요리를 파는 레스토랑도 있다. 각종 벌레 요리부터 악어고기 등 색다른 요리가 있다.

○ **커피**

보통 '커피'라고 하면 블랙커피를 의미한다. 우유가 들어간 커피를 원하면 '화이트커피'를 주문해야 한다. 블랙커피로는 '숏'과 '롱'이 있는데, 이는 커피의 농도를 가리키는 말이다. 롱 커피는 가늘고 긴 컵에 든 옅은 커피, 숏 커피는 작은 컵에 든 진한 커피다.

○ **와인**

'와인 주'라고도 하는 사우스오스트레일리아 주에서는 세련된 맛으로 세계적으로 인기를 끌고 있는 적포도주와 백포도주를 생산한다. 대량 생산하는 브랜드 와인에는 펜폴즈, 린데만스, 올랜도 등이 있다.

전시회 박람회 가기

Art Gallery of New South Wales(뉴사우스웨일스 아트 갤러리)

- www.artgallery.nsw.gov.au
- Open every day: 10:00~17:00
  Late closing every Wednesday : 09:00(Art After Hours)
  (*except Good Friday and Christmas Day)
- 보터니컬 가든 근처 도메인(Domain) 공원에 있는 전시관으로, 세인트 제임스 역에서 공원을 지나면 볼 수 있다. 주로 회화 작품을 전시하는데, 입장료는 없고 데이트하기 좋다. 수요일 21시까지는 무료 콘서트, 영화를 즐길 수 있고, 금요일에는 특별 전시가 열리는데 유료이다. 강의는 무료.

호주정보통신 박람회

- www.hannoverfairs.com.au
- www.cebit.com.au
- CeBIT(세빗): Center for Bureau, Information, Telecommunication
  세계 최대의 정보통신 기술 전시회로 인터넷에서 예약하면 무료입장 가능. 한국의 코엑스 전시회처럼 정보를 많이 얻을 수 있다. 게임하여 상품도 받을 수 있다. 영어로 질문하고 답해보자.

Free indoor basketball

- Free indoor basketball courts@peter Forsyth Auditorium a.k.a 'the stadium.'at Broadway Glebe, freshly revamped.
  Mon to Fri(03:30~06:00) excluding wednesday's
  시티에서 시드니대학교 가는 길 브로드웨이 쇼핑센터 쪽에 있다. 시티에서 유일한 실내 농구장이며 공도 무료로 빌려준다. indoor · outdoor가 함께 있다.

• 서큘러키 근처에도 스포츠 센터가 있는데 헬스, 농구클럽이 함께 있다. 운동을 한 번 할 때 A$4씩 내야 한다. 샤워비가 포함된 가격이며 농구공도 빌려준다.

우프로
새로운 가족을 만나다

Australia
Working Holiday

우프(WWOOF)를 알게 되었다. 우프는 봉사단체와 비슷한데, 회원이 되면 돈을 절약하면서 호주 가족의 일원으로 살아갈 수 있다. 하루에 4~5시간 정도는 일해야 하지만, 경비만 지출하고 식사와 잠자리는 무료다. 우프의 회원으로 등록하는 방법은 A$55를 지불하고 책을 구입한 뒤, 책 뒤에 사인만 하면 된다. 커플끼리 반반씩 지불하고 사도 무방하다. 그러나 두 명을 함께 받아주는 농장은 많지 않다. 우프 책은 서점에서는 판매하지 않고 여행사나 유학원을 통해서 살 수 있다.

마지막 달은 여행을 많이 하면서 우프 생활이나 브리즈번을 돌아다니기로 했다. 귀국할 때 브리즈번에서 한국으로 출발하기 때문에 브리즈번에서 우프 체험을 하기로 계획한 것이다. 브리즈번에 사는 농장 주인과 한 달 전부터 이메일로 연락을 주고받았다. 연락처는 우프 책에서 찾을 수 있다. 2주일 전에 전화로 날짜와 시간을 정하고 떠날 준비를 했다.

회자정리(會者定離) **거자필반**(去者必返).

만난 사람은 반드시 헤어지고 떠난 사람은 반드시 돌아온다.

이별하기 전에 학교 친구들과 여행을 다녀왔다. 해수욕장, 블루마운틴, 맛집 등을 돌아다녔다. 그동안 정들었던 이탈리아 레스토랑 동료, 학교 친구, 선생님들은 앨범 속 사진으로 간직될 것이다. 또 다른 만남을 기약하며 시드니를 떠났다.

시드니에서 버진블루 비행기를 타고 브리즈번으로 향했다. '카불처(Caboolture)'역에 도착하니 기온이 섭씨 40도로 숨쉬기조차 힘들었다. 1시간이 지나 자동차 한 대가 역 앞에 정차했다. 차에서 할아버지가 내리더니, 나를 향해 반갑게 인사를 건넸다.

"Mac, Hello!"

온몸에 풀이 묻은 채 나타나신 '켄' 할아버지가 얼음 물통을 건네셨다. 얼음 물통에는 방금 잔디를 깎고 온 흔적이 있었다. 켄 할아버지에겐 얼음 물통이 아주 작은 배려이었겠지만, 내게는 오아시스 같았다. 나는 달고 시원한 물을 단숨에 들이켰다.

켄 할아버지 집으로 가는 길에는 하늘만큼 높게 치솟은 가로수와

ETA 5STAR

영화에 나올 법한 경치가 펼쳐졌다. 하늘은 수채 물감을 뿌려놓은 듯 파랗고 높았다. 30분 넘게 달리자 작은 마을이 보였다.

"이 사람은 내 아내 비어(Beer)야."

"안녕, 맥! 우리 집에 온 것을 환영해요."

"안녕하세요. 맥입니다. 만나서 반갑습니다."

"이쪽이 자네가 쓸 방이야."

"우와! 정말 멋져요! 바깥 경치가 바로 보이네요."

"첫날이니까 푹 쉬고 내일부터 일하자꾸나."

"네, 감사합니다."

켄 할아버지와 비어 할머니, 그리고 나는 마치 가족이 된 것 같았다. 아침부터 잠들 때까지 함께하는 시간도 많았고, 할머니와 할아버지는 나를 자상하게 챙겨주셨다. 새로운 음식과 생활로, 나는 동화의 주인공이 된 것 같았다. 할머니는 아침에 모닝커피에 시리얼과 꿀을 탄 우유로 간단한 식사를 차려주었고, 식사를 마친 후에는 할머니, 할아버지와 함께 성서를 읽고 일을 시작했다. 점심에는 식빵에 채소와 햄을 곁들어 먹곤 했다. 오후 일 중간에는 Tea Time을 가졌는데, 무더운 날씨 탓에 이때 먹는 아이스크림은 특별히 더 꿀맛이었다. 저녁엔 할머니의 특별한 요리가 기다리고 있었다. 맛있게 식사를 마치고 나면 꼭 후식을 준비해주셨는데, 보통 과일 아이스크림을 먹었다.

이 노부부는 교회에서 무료 봉사까지 열심히 하시는 열정적인 분들이셨다. 켄 할아버지의 열정적인 연설 모습은 아직도 잊을 수 없다. 두 분은 먹거리도 직접 재배한 채소와 과일 등으로 자급자족 했다. 그리고 좋은 상품은 팔아서 생계를 유지하였다. 어느 날, 아침을 일찍 먹고 채소와 계란, 꿀을 팔러 나가려고 준비하던 참이었다. 팔러 갈 상품을 차에 싣고 나자, 차 앞에서 켄 할아버지와 비어 할머니는 포옹하고 키스를 하셨다.

"조심히 잘 다녀오세요."

60세도 넘은 두 분이었지만 어느 젊은 연인들보다 아름다웠다. 나도 이 노부부처럼 열정적이고 아름다운 노년을 맞고 싶었다.

TIP-BOX

버진블루 항공

12:00~13:00까지 Happy Hour로 싸게 이용할 수 있다.

www.virginblue.com.au

꼭 가야 할 베스트여행지

- **지구의 배꼽, '울루루'** : 일본 영화 〈세상의 중심에서 사랑을 외치다〉 촬영 장소
- **Port Stephens Tour(보통 A$70, 1일)** : 시드니에서 출발해 와인 공장, 돌고래 쇼를 보고 모래 썰매, 조개잡이까지 볼 수 있다.
- **Fraser Island Tour(보통 A$140, 1박 2일)** : 브리즈번에서 출발하여 최고의 모래섬인 프레이저 섬을 지프로 돌아본다.
- **Sea world** : 놀이동산이지만 바다에서 볼 수 있는 돌고래 쇼, 샤크 쇼, 수상스키 쇼가 있다. www.seaworld.com.au

우프하기

우프(WWOOF)는 'Willing Workers On Organic Farms'의 약자로 '유기농 농장에서 자발적으로 일하는 사람들'이라는 뜻이다. 일종의 팜스테이로 외국인 가정(농가)에 들어가 하루 평균 4~5시간의 노동의 대가로 식사와 잠자리를 제공받는다. 주인마다 조금 차이가 있지만 주말에는 대개 일을 하지 않는다. 해당국의 우프협회에서 발간하는 책자를 구입하면 우프에 자동으로 가입된다. 책자 표지에는 제각기 다른 고유번호가 부여되어 있으며, 책자에 기재된 날짜로부터 1년 동안 우퍼(WWOOFER, 우프 활동을 하는 사람)로서 인정받는다.
www.wwoof.com.au

최상의 우프 선택하기

- 기간을 확인하고 헌책을 사라 : 우프 경험이 있는 사람의 책에는 좋은 곳과 안 좋은 곳이 체크되어 있다.
- 주소에 이메일이 있는 집을 선택하라 : 인터넷을 사용할 수 있다. 우프 지역은 통신이 되지 않는 곳이 많으니 외부와 연락할 수 있는 곳이 안전하다.
- 아이들이나 식구가 함께 사는 곳을 선택하라 : 남자 혼자 사는 집은 위험하다. 가정이 있는 곳이면 조금 안전하다.

우프 영어

○ 우프 농가로 들어갈 때

A: Hello, may I speak to Ken? This is Oh-Se Jong.
I'm calling you to be a member of your WWOOF family.
(여보세요? 켄 씨와 통화할 수 있을까요? 저는 오세종이라고 합니다.
당신의 우프 가족이 되고 싶어서 이렇게 전화했습니다.)

B: When are you going to come here and where are you, now?
(언제 오실 건가요? 지금 어디에 계시죠?)

A: 1th December and I'm in Sydney. How can I get there?

(12월 1일에 갈 예정입니다. 시드니입니다. 어떻게 가면 될까요?)

B: You have to take the train for Caboolture. Would you tell me when you are going to depart and arrive? Then I'll pick you up at Caboolture.
(카불처 전철을 타십시오. 언제 출발하고 도착하는지 말씀해주시겠습니까? 그럼 제가 당신을 데리러 가겠습니다.)

A: Let me tell you about my train time.
My departure time is 3:40 and arrival time is 5:55.
(제가 탈 전철 시간을 말씀드리죠. 출발 시각은 3:40이고, 도착시간은 5:55입니다.)

B: Right. (알겠습니다.)

○ 우프 농가에서

B: How long are you going to stay here? (이곳에 얼마 동안 머물 예정인가요?)

A: Maybe, 2 weeks. I'd like to stay longer. If possible.
Is there anything I can help you?
(2주쯤. 가능하다면 더 오래 머물고 싶습니다. 제가 뭐 도울 일이라도 있습니까?)

B: I'm going to feed a animal. Do you want to join us?
(소젖을 짜러 가려는데 같이 가시겠습니까?)

A: Sure. (좋습니다.)

○ 우프 가정에서 나올 때

A: I'm sorry to leave here. But I have to go to another place next Sunday.
(유감스럽지만, 다음 주 일요일에 다른 장소로 가야 할 것 같습니다.)

B: Oh, Really? Where are you going to go, anyway?
(정말요? 어디로 가실 겁니까?)

A: I'm going to Brisbane. I'll stay there about 3 days and then go back to Korea.
(브리즈번으로 가려 합니다. 3일쯤 머문 다음 한국으로 돌아갈 겁니다.)

B: Thank you for help. (도와주셔서 감사합니다.)

국제자원봉사하기

CVA(www.conservationvolunteers.com.au)

'Conservation Volunteers Australia'의 약자. 호주에서 자연보호활동을 진행하는 가장 큰 비영리단체이다. 호주 전역에서 1,500개 이상의 환경보호사업을 진행 중이다. 호주의 대자연에서 생활하며 공동체의 소속감을 가지고 영어권 친구들과 영어와 문화 체험을 동시에 할 수 있는 프로그램이다. 2주, 4주, 긴 시간을 선택할 수 있으며, 참가비가 있다. 활동이 끝나면 CVA Certificate(참가확인증)를 발급해준다.

○ 특징

한 팀은 6~10명으로 구성되며 영국, 프랑스, 독일, 노르웨이, 스웨덴에서 온 여행자나 학생들 그리고 그 지역의 현지인이 주를 이룬다. 각 팀당 호주인 팀 리더가 있다.
비자 종류에 제한이 없어 누구나 참여할 수 있다. 부부 동시 참여도 가능하다.

○ 참가 자격

- 만 15~70세까지 신체 건강한 사람
- 국적과 체류 비자의 종류에 구애받지 않음
- 기본적인 영어회화가 가능해야 함

○ 활동 내용

- ENDANGERED FLORA AND FAUNA PROTECTION SURVEYS(멸종식물, 동물 조사 · 관찰 · 보호)
- HABITAT RESTORATION(동식물 서식지 복구)
- NOXIOUS WEED ERADICATION(유해 잡초 제거)

CVNZ

'Conservation Volunteers New Zealand'의 약자. 뉴질랜드 자연보호 및 자연체험 활동

이다. 뉴질랜드 북섬의 오클랜드 지역에서 활동하며 CVA와 비슷하다.

구세군(Salvation Army)

윌리엄 부스(William Booth)가 창설한 교파이다. 복음선교, 예배, 자선활동, 사회사업을 하며 세컨트 제품을 팔기도 한다.

- http://salvos.org.au

세인트 존(St John, 응급처지 활동교육)

3개월 동안 응급처지교육을 받는다. 수업료가 있고, 장비 구입비용은 보증금을 낸다. 이는 수업에 참석하여 수료할 때 돌려받을 수 있다. 시험에 불합격하면 한 번 더 볼 수 있다. 기본 교육은 중급 영어 실력이면 가능하다. 여기에서 현지인 친구를 사귀고 유익한 교육도 받아보자. 정확한 내용은 가까운 세인트존으로 찾아가 알아본다.

- www.stjohn.org.au

요리하기

고추장떡볶이(매운맛)

재료(2인분)

따뜻한 떡 한 봉지, 어묵 1/3개 또는 베이컨, 고추장 3스푼, 설탕 2스푼, 라면 1/3개, 라면 수프 1/3, 기타(계란, 당근, 양파, 파, 마늘, 고춧가루 약간)

① 3분 동안 프라이팬에 물 1/2컵을 넣고 펄펄 끓인다.
② 불을 약하게 하고 고추장을 넣어 완전히 풀어질 때까지 약 3분간 살살 젓는다.
③ 떡과 어묵을 넣고 2분 정도 있다가 라면수프, 설탕, 마늘, 양파, 당근을 넣는다.
④ 3분 후에 라면, 계란, 파를 넣는다.
⑤ 물을 졸여가면서 고춧가루를 넣고 간을 본다(매우면 뜨거운 물을 조금 더 넣는다).
⑥ 참깨, 참기름, 김 가루, 치즈를 곁들이면 더욱 맛있다.

궁중떡볶이(순한 맛)

재료(2인분)

따뜻한 떡 한 봉지, 쇠고기 300g 또는 베이컨, 표고버섯, 당근, 양파, 피망, 오이, 갖은 양념

① 쇠고기와 표고버섯은 간장, 설탕, 참기름, 후추로 간한 다음 재워둔다.
② 기름을 두르고 양파를 볶다가 쇠고기, 표고버섯, 당근을 넣고 볶는다.
③ 떡, 피망, 오이순으로 볶는다(떡은 말랑말랑하게 데친 다음 참기름을 바르면 더욱 맛있다).
④ 간장 4스푼, 설탕 2스푼, 다진 파, 다진 마늘, 참기름, 후춧가루, 설탕을 잘 섞어서 양념장을 만든다.
⑤ 불을 약하게 한 후 양념장을 뿌리고 잘 볶는다.
⑥ 깨, 김 가루를 곁들이면 더욱 맛있다.

미역국(seaweed soup)

재료(2인분)

마른미역 한 줌, 다진 마늘 1/2스푼, 물(쌀뜨물) 4컵, 조선간장(국간장) 2스푼, 소금 약간, 후춧가루, 참기름 1/2스푼

① 미역은 물에 담가 불린다(약 10분). 불린 미역을 박박 주물러 헹궈서 소쿠리에 건져놓는다(미역을 빨래 빨듯이 박박 비비면 훨씬 부드러워진다).

② 쇠고기는 납작납작하게 썰어놓는다(쇠고기가 없으면 멸치 국물을 우려야 하는데 어렵고 시간이 오래 걸린다. 국이나 찌개용으로 판매하는 멸치티백을 추천한다).

③ 냄비에 참기름을 두르고 쇠고기와 다진 마늘을 넣어 볶다가 미역과 후추를 넣어 함께 볶는다.

④ 미역이 부드러워지면 물을 부어 10분쯤 끓인 다음 조선간장과 소금으로 간을 맞춘다(물을 부어 끓일 때 쌀뜨물을 넣으면 더욱 구수하다).

TIP-BOX

- 쇠고기 외에 홍합, 닭, 게살 등을 넣어 끓이기도 한다.
- 미역 대신 다시마로 국을 끓이기도 하는데, 쇠고기와 홍합을 넣어 다시마 국을 끓이면 시원하고 풍미가 있다. 이때 감자를 넣으면 더욱 맛있다. 하지만 미역국에 파를 넣으면 떫은맛이 난다. 다진 마늘 한 봉지쯤 냉동실에 넣어두면 손쉽게 이용할 수 있다. 언 마늘을 떼어내 쓰면 편리하다.

주먹밥(Rice Ball)

재료(2인분)

찬밥 3공기, 감자 1/2개, 양파 1개, 당근 1/2개, 식용유(올리브유), 참기름 1스푼, 소금, 후추, 김, 투명 비닐봉지 3장(김 가루 낼 것 1장, 비닐장갑 대용 2장)

① 감자, 양파, 당근을 잘게 다져서 큰 프라이팬에 식용유(올리브유)를 두르고 약한 불에 볶는다. 감자 → 당근 → 양파 순으로 저으면서 8분쯤 볶는다.

② 찬밥 3공기를 채소와 함께 볶는다. 소금과 후추를 조금 넣고 약간 눌을 만큼 뒤적이며 볶

는다. 누룽지처럼 살짝 눌으면 더 맛있지만 너무 눌으면 밥을 뭉칠 수 없다.

③ 볶은 밥과 채소를 그릇에 담고 참기름을 1스푼 넣는다. 뜨거우므로 조심하며 잘 섞는다. 프라이팬은 뜨거울 때 바로 물에 담그면 설거지하기 쉽다.

④ 투명 비닐봉지에 살짝 구운 김을 넣고 입구를 묶은 후 잘게 부숴놓는다.

⑤ 비닐장갑을 끼고 ③으로 하트나 공 모양 등으로 예쁘게 만든다.

⑥ ⑤를 김 가루가 든 비닐봉지에 넣고 눈을 굴리듯이 굴린다. 겉에 김이 붙어서 먹음직스럽게 보인다.

TIP-BOX

• 오징어나 새우를 잘게 다져서 넣으면 더 맛있다. 해물은 물이 많이 생기기 때문에 물기를 완전히 제거해야 한다. 소풍 갈 때마다 재료 걱정부터 하게 되는 김밥보다 한입에 쏙 들어가는 주먹밥을 만들어서 가까운 공원으로 나가보자. 이때 랩에 하나씩 포장하면 먹기 편리하다.

냉면(Iced noodles)

재료(2인분)

냉면 1봉지(육수나 양념 포함), 오이, 무, 달걀, 얼음

① 물냉면 육수와 비빔냉면 양념장을 만들려면 시간이 많이 든다. 간단한 요리를 추구한다면, 냉면 육수와 양념이 함께 들어 있는 봉지냉면을 사면 된다. 만드는 법은 라면과 비슷하지만 영양이 더 풍부하다.

② 끓는 물에 냉면사리 2인분을 넣고 넘지 않게 휘저으며 삶는다. 물이 충분하고 단시간에 삶아야 퍼지지 않는다.

③ 냉면사리는 찬물에 헹구어 소쿠리에 옮겨 담아 물기를 뺀다.

④ 끓는 물에 달걀을 넣고 15분간 삶는다.

⑤ 오이와 소금에 절인 무를 먹기 좋게 썬다.

⑥ 냉면사리를 그릇에 담고 얼음, 오이, 무를 넣는다. 삶은 달걀을 반으로 잘라 곁들인다. 냉면봉지 안에 있는 육수와 양념을 골라서 넣는다. 물냉면의 육수와 비빔냉면의 양념을 섞어 먹어도 좋다.

젤리

재료(2인분)

가루젤라틴 1봉지(10g, 라면수프 1개 정도 분량), 물 500g(라면 1개 삶는 양), 설탕 2스푼, 예쁜 그릇(소주잔 또는 종이컵), 주스(레몬, 딸기, 복숭아, 냉커피, 요구르트)

① 작은 그릇에 물과 가루젤라틴을 넣고 잘 저어 5분간 불린다(5분).
② 냄비에 물, 설탕을 넣고 약한 불로 5분 정도 끓인다.
③ ①을 냄비에 넣고 완전히 녹을 때까지 7분간 젓는다. 기포가 몽실몽실 생기면 불을 한 단계 낮추고 주스를 넣는다. 젤라틴이 많이 들어갈수록 단단해진다.
④ 모양이 예쁜 그릇에 붓고 냉장고에 2시간 이상 넣어둔다. 그릇이나 컵에 과일(밀감 또는 체리)을 넣으면 더욱 맛있다.
⑤ 굳으면 숟가락으로 떠먹는다.

TIP-BOX

- 젤라틴과 함께 사이다를 넣으면 톡톡 쏘는 맛이 있다.
- 주스를 함께 넣으면 건강식품이 된다.

부침개

재료(2인분)

김치 1/4포기, 부침가루 4큰술, 밀가루 4큰술, 튀김가루 2큰술, 달걀 1개, 고추 2개, 물 1/2컵, 소금, 식용유, 참기름 약간

① 김치는 국물을 꼭 짜내고 송송 썬다.
② 밀가루, 부침가루, 튀김가루에 물을 붓고 잘 섞은 뒤 달걀을 넣는다.
③ 김치와 반죽이 된 가루를 잘 섞으며 참기름, 고추, 소금을 넣는다.
④ 프라이팬에 식용유를 두르고 팬이 달구어지면 반죽을 넣는다.
⑤ 앞뒤로 노릇노릇하게 부친다.

TIP-BOX

• 해물을 넣을 때는 물의 양을 줄인다. 우리는 비가 오면 왜 부침개를 찾을까? 옛날에는 비가 오면 변변한 우산이 없어 비를 맞아야 했다. 따라서 비에 젖어서 체력 낭비가 심했다. 이때 밀가루(탄수화물)와 기름(지방)이 주원료인 부침개는 선조들에게 좋은 고칼로리 식품이었다. 비가 오면 막걸리를 찾게 되는데, 이 또한 고칼로리이기 때문이다.

두부김치

재료(2인분)

두부 1모, 김치 200g, 들기름(또는 식용유), 고추장 반 큰술, 양파, 설탕, 통깨

① 국물을 꼭 짜내고 송송 썬 김치를 기름을 두른 프라이팬에 고추장, 양파, 설탕과 함께 약한 불에서 5분 정도 볶는다. 프라이팬에 김치를 넣을 때 기름이 튀므로 조심한다.

② 두부는 체에 밭쳐 물기를 뺀 뒤 먹기 좋게 썬다(두부는 차갑게 먹는 것이 좋지만 뜨거운 물에 살짝 데쳐 먹어도 맛있다).

③ 접시에 깔끔하게 담고 통깨를 뿌린다.

수박화채

재료(2인분)

수박 1통, 사이다 1병, 설탕 2스푼, 얼음, 우유 250mL, 넓은 그릇

① 화채 전용 숟가락으로 수박 속을 동글동글하게 떠내거나 먹기 좋은 크기로 잘라 넓은 그릇에 담는다. 수박껍질에 붙은 수박은 숟가락으로 긁어 즙을 낸다.

② 수박 통에 사이다 500mL와 설탕 2스푼을 넣고 떠낸 수박을 다시 넣는다. 여러 과일을 함께 넣으면 더욱 맛있다.

③ 얼음과 우유 250mL를 넣는다. 우유는 고소한 맛을 낸다.

TIP-BOX

- 일본에서는 화채에 소금을 넣는데 그것이 더 달다고 한다. 다른 과일로도 만들어보자. 참외, 앵두, 딸기, 복숭아, 귤, 황도로도 만들 수 있고 시리얼을 넣어 먹어도 좋다.

스파게티

재료(2인분)

면, 쇠고기, 양파, 버섯, 마늘, 달걀, 소금, 후춧가루, 토마토, 햄, 당근, 스파게티 소스

① 끓는 물에 소금을 조금 넣고 스파게티 면을 3~4분쯤 삶아 찬물에 헹구어 물기를 뺀다.
② 양파, 당근, 버섯을 먹기 좋게 썬다.
③ 햄도 썰고 토마토는 끓는 물에 살짝 데쳐 찬물에 헹구어 껍질을 벗기고 잘게 썬다.
④ 냄비에 버터를 녹인 뒤 썰어놓은 ②와 ③을 볶다가 스파게티 소스를 넣고 마저 볶는다.
⑤ 소스가 알맞게 되면 소금, 후추로 간한다.
⑥ 넓은 팬에 삶아놓은 스파게티 면을 볶다가 햄을 함께 볶으면서 소금으로 간을 맞춘다.
⑦ 볶은 스파게티 면을 접시에 담고 그 위에 ⑤의 소스를 얹은 뒤 파슬리 가루를 뿌려 마무리한다.

김치(배추 겉절이)

재료(2인분)

배추 2포기, 멸치액젓 5스푼, 고춧가루 2컵, 다진 마늘 3개, 대파 한 단, 양파 4개, 굵은 소금, 설탕 3스푼

① 배추를 먹기 좋게 토막 내어 넓은 통에 넣고 굵은 소금 두 줌을 물을 섞어 촬랑촬랑하게 뿌려서 두 시간쯤 절인다.
② 넓은 그릇에 다진 마늘, 대파, 양파, 고춧가루, 설탕을 넣고 잘 버무린다.

③ 숨죽인 배추를 세 번 이상 씻어 물기를 쪽 뺀 뒤 ②에 넣고 함께 버무린다.
④ 간을 보면서 입맛에 따라 멸치액젓과 소금, 설탕을 넣는다.
⑤ 유리병이나 김치통에 담아 냉장고에 넣었다가 3~4일 후에 먹는다.

CHAPTER. 04

잊지 않기

귀국 후 영어 유지법

Australia Working Holiday

호주에서 일본을 경유하여 귀국할 때였다. 옆 자리에는 외국어를 못하는 할머니가 앉아 계셨다. 손자, 손녀가 일본에서 유학 중이어서 일본을 가끔 다니신다고 했다.

"할머니, 일본어도 모르시는데, 어떻게 혼자 일본에 다니세요?"

"나는 잘 몰라. 예약은 애들이 해주고, 일본 비행기나 일본 공항에서는 직원에게 여권과 항공권만 보여주면서 모른다고 손짓하면 한국 사람을 데리고 오거든. 그때 이야기하면 돼."

"정말 대단하시네요."

"한두 번 다니다 보니 이제는 쉬워."

젊은 사람도 외국에 나가면 두려움이 생기게 마련이다. 하지만 여러 번 왕래한 할머니의 경험은 무시하지 못할 경력이 되었다. 영어도 이와 같다. 자신감과 경험이 최우선이다. 1년 단기유학으로는 영어를 정복할 수 없다. 단지 영어의 감을 익히고 자신감을 얻는 계기가 될 뿐이다. 영어를 잘하기보다 말하는 방법을 배우는 게 중요하다. 외국인을 만나 자신 있게 말할 수 있고, 상대방이 잘 알아듣지 못했을 때도 긴장하지 않고 다시 말할 수 있으면 된다.

영어는 모국어가 아니기 때문에 배운 영어를 유지하지 않으면 금세 잊게 된다. 따라서 귀국해서도 영어를 유지하는 것이 가장 중요하다. 학원에서는 대화가 술술 잘 들린다. 하지만 현지인과 이야기할 때는 한 번에 알아듣기가 쉽지 않다. 억양, 악센트, 영어 표현이 저마다 다르기 때문이다. 이를 보완하려면 귀국한 다음 날부터 바로 영어학원에 다녀야 한다. 회화 학원에 다니며 외국인 친구를 사귀고 영어를 유지해야 한다. 아니면 해외 봉사활동이나 캠프에서 친구를 사귀는 것도 좋은 방법이다. DVD 영화를 활용하는 것도 좋다. 처음에는 DVD 영화를 자막 없이 보고, 두 번째는 자막과 함께 보고 원서를 읽는다. 그런 후에 다시 DVD 영화를 보면, 몰랐던 영화 속 숨은 표현까지 확실하게 익힐 수 있다.

유학보다 더 중요한 것은 귀국한 뒤 어떻게 하느냐이다. 유학에서 늘었던 영어를 유지하지 못해 후회하는 친구들이 많다. 귀국하면 머릿속에 지우개가 움직인다.

친구들의 호주 체험담

- **이름_** 김진권
- **출국할 때 자금_** 350만 원
- **출국일 · 입국일_** 2005. 2. 23 ~ 2006. 2. 17
- **체류 지역_** 시드니, 브리즈번, 먼더베라, 케언스
- **학교 이름_** Alpha beta colleges(General English)
- **어학연수 기간_** 8주
- **일했던 직종_** 이삿짐센터, 농장
- **체험과 여행_** 우프, 스카이다이빙, 스쿠버다이빙

1. 외국인 친구 사귀기 한국에서는 겨울이라 옷을 두껍게 입고 왔는데, 호주는 정말 더웠다. 마중 나와 주신 아버지 친구분과 공항을 나서는데, 하늘이 정말 높고 파랬다. 첫날의 그 감동은 아직도 잊지

못한다. 한 달 동안 아버지 친구 댁에서 생활하며 학원에 다녔다. 내외분께서 친절하게 대해주시고 관심을 써주신 덕분에 편하게 생활했다. 그러다 이건 아니다 싶었다. 혼자 일어서려고 왔는데 음식이 더 한국적이었다. 그래서 아버지 친구 분께 말씀드리고 시드니에서 가장 좋다는 월드 타워에 셰어를 얻었다.

큰방에 여자 3명, 작은 방에 여자 3명, 거실에 남자 2명, 베란다에 남자 2명 모두 열 명이 살았다. 나름대로 불편했지만 외국인 셰어라는 것이 장점이었다. 월드 타워에서 지내는 3개월 동안 거의 홈메이트들과 함께했다. 밤마다 돌아가며 맥주 한 박스씩 마시고 얘기하며 놀았다.

호주의 어학원에서 배우나 한국에서 배우나 내용에는 큰 차이가 없다고 생각한다. 그 대신 호주에 가면 다른 나라 친구들을 사귈 수 있다. 낮엔 운동하고 공원에서 책 읽고 놀다 잠깐 자습한 것을 밤에 놀면서 써먹는 생활. 대부분이 American, Germany, Irish, Scotch, Canadian 등 영어권 친구라서 발음을 교정해주고 표현을 많이 알려줬다. 학원보다 집에서 배우는 것이 많았다. 밖에 잘 나가지 않고 눈뜨고 일어나서 잘 때까지 한국말을 거의 쓰지 않으니 영어가 느는 것은 당연했다. 나가서도 홈 메이트들과 같이 쇼핑하고 술 마시고 클럽에 가고 운동하고 파티를 벌였다. 그들과는 지금도 연락하며 지낸다.

2. 말 그대로 익스트림 이삿짐센터에서 일을 시작했다. 돈도 벌고, 몸도 건강해졌다. 처음엔 힘들었지만 시간이 갈수록 적응도 되고 팁도 짭짤했다. 3개월이 지나면서 시급이 A$18까지 올랐다. 저축한 돈으로 자동차를 사서 시드니를 벗어나려고 계획했다. 중고차는 세금도 무척 쌌다. 대신 1년에 한 번씩(주마다 법이 조금씩 다르긴 하지만) 카센터에 가서 성능검사(inspection)를 받아야 했다. 그리고 딱지를 사서 앞 유리에 붙이고 다녀야 했다. 그게 돈이 좀 들어가는데, 차를 팔려는 사람들은 성능검사를 받은 차를 팔고 또 그래야 차도 팔린다. 워킹홀리데이 비자 소지자는 거의 1년 안에 귀국해야 하고 좋은 차가 필요하지 않기 때문에 A$2,000~3,000면 충분하다. 그리고 취득세 비슷한 세금을 내는데, 서류에 자동차 가격을 정확히 쓸 필요는 없다. 자동차 가격에 따라 세금 차이가 크기 때문이다. 파는 사람이 내는 서류와 내가 내는 서류의 가격만 맞으면 상관없다.

홈 힐(Home Hill)이라는 작은 마을에서 1시간쯤 더 가면 에어(Ayr)라는 도시가 나온다. 거기 캐러밴 파크에 숙소를 정하고 일을 구하러 다녔다. 숙소 주인한테 일하고 싶다고 말하면 일을 구해주기도 하는데, 그 사람만 믿고 놀 수는 없기 때문에 농장에 간다. 오두막(shed) 근처에 가면 책임자쯤 되어 보이는 사람이 어떻게 왔냐고 물어본다. 그럼 일하고 싶다고 하면 된다. 캐러밴 파크나 백패커스들은 주위 농장 정보를 알고 있고 알선도 한다. 그곳 지도에 농장 표시가 되어 있으니 어렵지 않게 찾을 수 있다. 하지만 지도가 완벽하지

SURFERS

CARAVAN PARK
TOURIST INFORMATION
ARTS CRAFTS
KIOSK DELI

않을 수 있으므로 주의해야 한다.

바다에서 고기를 잡다가 가오리에 손을 찔리고 말았다. 가오리 꼬리엔 독가시가 있다. 심장 부근에 쏘이면 죽을 수도 있다고 한다. 병원에 들러 간호사에게 어설픈 치료를 받았다. SIN을 묻기에 여행자 보험번호를 알려주고 선납하지 않은 채 돌아왔다. 팔꿈치 주름마저 없어질 만큼 퉁퉁 부은 손으로 호주에서 어떻게 먹고살아야 하나 걱정이 많았다. 수중에는 A$300. 집에 전화해서 돈 부쳐달라고 하자니 부모님께 손 벌리지 않기로 했던 내 결심을 무너뜨리는 것이고, 안 하자니 굶어 죽겠고……. 고민했지만 전화하지 않았다. 로키 폰드(Rocky Ponds)는 일이 힘들기로 악명 높은 농장인데, 시간제로 피망, 파프리카, 멜론 등을 따는 일을 했다. 팔이 부은 것을 감추려고 긴소매 옷을 입고 장갑을 끼고 일했다.

이렇게 열심히 돈을 벌어 스카이다이빙을 하기 위해 미션비치(Mission beach)에 갔다. 케언스에서도, 타운스빌에서도 할 수 있지만 미션비치를 선택했다. 동영상과 사진촬영까지 포함해서 A$450에 예약했다. 스카이다이빙은 말 그대로 익스트림(Xtream)이었다.

3. 목적을 확실히 하고 떠나라 워킹홀리데이를 가고자 할 때는 목적을 확실히 하고 우선순위를 정한 뒤 떠났으면 한다. 영어실력 향상이 가장 큰 목적이면, 1년 동안 외국인 셰어를 잡고 살면서 두세 달 일해서 돈을 모으고 계속 공부만 해라. 아무리 좋은 학원을 다니

고 좋은 외국인 친구를 만나도 공부를 게을리 하면 영어실력은 별로 늘지 않는다. 호주에 놀러 가지 말고 돈 벌러 가지 마라. 워킹홀리데이 비자 소지자는 360일 동안 네이티브 스피커들과 함께할 기회를 얻은 것과 같다. 한국에서 하는 영어공부와 영어권 나라에서 하는 영어공부의 가장 큰 차이는 공부한 내용을 활용할 수 있는 기회가 있느냐 없느냐 이다.

4. 이것만은 알아둬!

- 여행 온 당신의 불안감을 악용해서 사기 치는 사람이 많다.
- 아무리 친한 사람이라도 너무 믿지 마라. 이것으로 피해본 사람이 정말 많다. 일이 잘못 돼도 누구에게 책임을 물을 수 없다. 잘못 결정한 내가 책임질 뿐. 미안하다고 하는 상대에게 더는 할 말이 없다. 어떤 상황이든 누구이든 100퍼센트 믿지 마라. 믿을 것은 자기 자신밖에 없다.
- 카지노에 빠지지 마라. 뭔가에 빠지면 헤어나기 힘든 성격이라든지 도박을 좋아하는 사람라면, 처음부터 카지노에 가지마라.
- 일기를 꼭 써라. 하루를 열심히 사는 것도 중요하지만 가계부 겸 일기를 꼭 적어라. 시간이 지나면 지날수록 소중한 물건이 된다.
- 그레이트배리어리프(Great Barrier Reef)에 있는 산호 섬 캠핑을 권한다.

- **이름_** 배성훈
- **출국할 때 자금_** 250만 원
- **출국일 · 입국일_** 2004. 10 ~ 2005. 1
- **체류 지역_** 퍼스
- **학교 이름_** St. Marks International College
- **어학연수 기간_** 6주
- **일했던 직종_** Kitchen Hand
- **체험과 여행_** 퍼스 주변 관광지와 시드니

1. 출발 전 마음가짐 '워킹홀리데이'를 가기 전 많은 사람이 "영어를 많이 배울 수 있어요?"라는 막연한 질문을 한다. 나 또한 출발 전에는 시간을 투자한 만큼 영어실력을 쌓고 경험을 얻을 수 있을지 걱정했다. 한마디로 경험자에게 희망을 얻고자 하는 질문이라고 여겨진다. 그럴 땐 이렇게 답하고 싶어진다.

"그럼요, 원하는 만큼 얻어옵니다."

좋은 대입학원에 들어간 학생들은 모두 다 좋은 대학에 갔을까? 열심히 공부한 사람은 학원 프로그램을 잘 소화해서 원하는 바를 이루었을 것이고, 그렇지 않은 학생은 돈만 버린 셈이라고 생각할 수 있다. '워킹홀리데이'를 떠난다는 것은, 등록금이 비싼 종합영어학원을 가는 것이다. 종강하고 나서 후회하지 않으려면 어떻게 해야 하는지 알 것이다. '열심히'가 전제되어야 한다.

워킹홀리데이를 준비하는 이들에게 조금이나마 보탬이 되고자, 워킹홀리데이에 다녀 온 친구들을 관찰한 내용과 현지에서 느낀 점을 세 가지만 정리하겠다.

첫째, 영어를 어느 정도 준비하고 가야 한다. 워킹홀리데이는 단순하게 영어만 배우러 가는 것이 절대 아니다. 배운 영어를 사용하러 간다고 생각하면 된다. 학원에 다니려면 먼저 테스트를 받은 다음, 반 배정을 하기 때문에 준비 없이 가면 당연히 하급반으로 배정된다. 본인과 수준이 비슷한 사람끼리 모였으니 대화 수준이나 내용 면에서 만족하지 못하는 것이 당연하다. 이보다는 오히려 집중프로그램(Intensive Program)이 있는 한국의 사설학원이 더 효과적이다. 정말 영어 준비가 안 되었다고 생각하는 이들은 비행기 표 예약보다 영어회화학원 예약이 우선인 것이다. 그럼 워킹홀리데이를 왜 가는지 의문이 들 것이다. 워킹홀리데이는 '영어 · 경험(문화, 만남) · 여행 · 국제적 마인드의 종합 선물 꾸러미'라고 생각하면 된다. 단순히 영어 공부만 생각한다면 한국에서도 얼마든지 할 수 있다. 하지만 현지를 간다면, 하나를 준비했을 때 두 개 이상의 교육적 효과를 볼 수 있다. 아직 준비가 덜 된 사람은 영어공부를 시작하면 반드시 효과를 본다.

둘째, 열린 마음으로 적극적으로 즐겁게 경험하고 돌아오자. 비행기에 몸을 싣는 순간 한국에서 받던 스트레스는 인천공항에 두자. 호주에 가면 열심히 공부만 할 것 같지만, 압박에서 벗어난 순간부터 모두 해방을 만끽하느라 바빠진다. 파티, 펍(pub) 경험, 비치, 학원행사, 쇼핑, 관광지 여행, 스노클링, 자연박물관, 동물원, 길거리 악사 등 보고 · 듣고 · 해볼 것이 너무 많은데, 이런 것들을 다 해보라고 권하고 싶다. 이런 것도 다 워킹홀리데이 패키지에 들어간 것이라고 생각한다. 도서관과 학원만 다니는 학습방법이 옳다, 그르다, 자신 있게 말하지는 못하겠다. 하지만 언어는 생활에서 자연스럽게 배울 수 있고, 다양한 활동이 어학실력 향상에 도움이 된다고 생각한다. 무엇이든지 활동적으로 생활했다면 귀국했을 때 "무엇을 하고 돌아왔어?" 하는 친구의 물음에 주저하지 않고 대답할 것이라고 생각한다.

셋째, 귀국해서도 계속 도전하고 사용하자. 무사히 인천공항에 내

리는 순간, 벗어놓고 간 스트레스가 먼저 맞이할 것이다. 워킹홀리데이를 통해 자신감을 가지고 왔다면 앞으로 닥칠 어떠한 난관도 두렵지 않을 것이다. 영어에 대한 자신감은 각종 국제대회 도우미를 비롯하여 해외인턴지원까지 생각하게 한다. 과감하게 원하고 능력을 발휘하라고 하고 싶다. 또 돌아와서도 영어 사용횟수를 줄이지 않고 감각을 유지하며 영어회화 카페를 찾거나 스터디 모임을 결성하여 리듬을 잃지 않게 노력해야 한다.

2. 퍼스에서의 생활 내가 머물렀던 퍼스를 간단히 소개한다. 우리가 아는 호주 도시는 대부분 남서쪽에 몰려 있고 위치도 잘 모른다. 퍼스는 대도시는 아니지만 있을 것은 다 있는 도시다. 우리나라 국철 같은 철도가 주요 지점에 다 있으며, 버스라인도 잘 정비되어 접근성도 좋다. 물가는 시드니의 반절이라고 생각하면 된다. 교통비도 시드니보다 차이가 크므로 퍼스는 공부하려는 학생에게는 안성맞춤이다. 아울러 큰 도시가 아니기에 유혹이 적으며 한국인이 그다지 많지 않다는 장점이 있다.

최근에는 시드니, 멜버른에서 공부하다 넘어오거나 퍼스를 목적지로 생각하는 사람이 증가하는 추세이기는 하지만 아직은 적다. 또 공원과 인도양의 다양한 해변, 동물원, 수영장, 백화점, 각종 관광지가 있으며 도심에 시립도서관 같은 공부할 환경도 조성되어 있다. 지루함이 단점이지만 놀려고 간 것이 아니기에 장점일 수도 있다.

변화 있는 생활을 원하는 이에게는 퍼스를 추천하고 싶지 않다.

전국 체인망을 둔 이름 있는 학원은 다 있으며, 칼리지에서 대학 부설까지 다 있다. 한국 유학원에서는 학원마다 계약관계를 맺었으므로 각기 다른 데를 추천한다. 그래서 인터넷 카페나 여러 유학원에 들러 정보를 얻어야 한다. 여유가 있는 이에게는 홈스테이를 권유하지만 주인아주머니를 잘 만나야 한다. 주인을 잘못 만나, 세 끼를 콘플레이크로 때운 친구도 있었다.

셰어 또한 룸메이트를 잘 만나면 일석이조의 효과를 얻을 수 있다. 학원을 다니면서 주변 친구들한테도 셰어 정보를 얻을 수 있다. 인터넷은 시립도서관에서 할 수 있으며 학원마다 인터넷 카페가 있다.

마지막으로 퍼스를 비롯한 호주로 워킹홀리데이를 꿈꾸는 분들에게 수영과 제2외국어를 준비하라고 하고 싶다. 퍼스는 항상 쨍쨍한 햇살이 비추고 푸른 하늘이 빛난다. 퍼스에서 버스와 기차로 유명 해변은 다 갈 수 있으므로, 상쾌한 날씨에 '여유'를 즐기며 높은 파도에 몸을 맡기는 맛은 귀국해서도 잊히지 않는 추억거리다. 이를 만끽하려면 적어도 자유형쯤은 할 줄 알아야 한다. 또 국제화 시대에 국제적 네트워크를 형성하는 것이 좋다. 스위스, 브라질, 타이, 싱가포르 등 국적이 다양한 사람들을 만날 수 있는데, 세계화 시대에 맞추어 국제적 네트워크 형성은 더 중요한 것 같다. 영어 외에 간단한 외국어를 한다면, 외국 친구들과 소통하는 데 더없이 좋을 것이다.

아무리 워킹홀리데이를 준비해도, '준비가 미흡한 것 같은데 가면 잘 살 수 있을까' 걱정할 수 있다. 하지만 이 책을 보는 것만으로도 준비를 잘하고 있는 것이라고 생각한다. 어느 나라를 가든 한국인은 뭔가 다르다고 느낄 때가 많다. 우리는 의지가 강한 한국인의 본능이 있기에 살아남는 문제는 이미 해결되었다. 이제 남은 건 여러분이 꿈꾸는 목표에 열정을 얼마나 투자하느냐이다. 불을 질러보라. You'd been Ready!

• **이름_** 오세종
• **출국할 때 자금_** 약 300만 원(2개월 생활비)
• **체류한 지역_** 시드니, 브리즈본
• **일했던 직종_** 시드니 시티 레스토랑
• **특이사항_** CVA 자원봉사

1. 내 인생의 전환기가 호주워킹홀리데이로 시작되었다 영어+일(돈)+여행+가치 있는 경험을 한 번에 충전할 수 있던 곳이 호주였다. 엔터테인먼트(Entertainment) 산업(관광, 도서, 영화, 음악 등)은 세계인을 하나로 묶어 준다는 것을 깨달았다. 고부가가치산업이다. 영어가 통하지 않아도 서로 연결해주는 대화 소재의 역할을 했다. 국내 엔터테인먼트(Entertainment)산업의 발전 가능성을 조사하였다. 국내 유일한 한양대 국제관광대학원의 엔터테인먼트 콘텐츠학과에서 다양한 분야를 연구했다. 엔터테인먼트 콘텐츠학과 회장을 맡으며, 영화, 음악, 관광 등 현장에 근무하시는 분들의 실전 업무 이야기를 공유하였다. 엔터테인먼트 콘텐츠학과에 몰입할 수 있어서 항상 감사하고 있다. 이 감사함을 자원봉사로 표현하고 싶었다. 그래서 《호주워킹홀리데이 쌩SHOW를 하라》라는 도서를 집필하게 되었다. 호주로 떠나는 대학생들을 위해 강연과 상담을 해주고 있다. 이렇게 나의 역사를 만들어준 나라가 바로 호주이다. 나의 역사는 쭈욱 계속된다.

2. 마음의 여유, 국제 감각과 시각, 이해심을 배우다 호주에서 만난 외국인 친구들은 8282(빨리빨리)보다 삶의 의미를 느끼면서 살고 있었다. 생각의 여유와 마음의 여유를 함께 지닌 여러 나라 친구들을 만났다. 그들에게 느낀 인생철학들이 내 몸에 길들기 시작했다.

호주에서 워킹홀리데이 비자로 3개월 동안 앞만 보고 달려왔을 무렵이다. 담배를 피던 룸메이트가 현관문을 잠그지 않고, 잠이 들었다. 잠자는 동안 100만 원 이상의 가치의 물건들과 지갑, 돈 그리고 다이어리를 도난당했다. 그 돈이면 한 달 방값, 생활비, 교육비 등 모두 해결할 수 있었다. 워킹홀리데이 메이커들에게는 정말 큰돈이다. 사고 싶은 거 안 사고, 먹고 싶은 거 안 먹고, 놀고 싶은 거 안 놀고, 개미처럼 모은 돈이다. 3개월을 공부와 일을 병행하면서 앞만 보고 달려왔다. 그러나 모든 것이 물거품으로 돌아가는 사건이었다. 아무리 열심히 살아도 환경적 요인으로 한 번에 무너질 수 있다는 것을 배웠다. 그 사건을 통해 앞만 보고 달리는 오세종은 점점 사라졌다. 주위를 둘러보면서 마음의 여유를 찾기 시작했다. 국제적인 감각과 시각 그리고 서로의 문화를 이해할 수 있게 되었다.

세상에 100% 정답은 없다.

한국은 밥이 주식이며, 한국인은 밥을 먹어야 힘을 쓴다고 한다. 그러나 이탈리아나 호주 사람들은 빵과 밀가루가 주식인 경우가 많다. 꼭 밥과 김치를 먹어야 한다고 교육을 받지 않는다. 국제적인 감각은 그 나라의 문화를 이해하고, 그 문화에 맞게 전달하고, 접목시키는 것이다. 한국 미인형이 있다면, 호주 미인형이 있다. 어느 나라가 더 예쁘다고 한다는 것은 그 나라의 시각으로만 판단하기 때문이다.

인생에 100% 정답이란 없다. 얼마나 상대방을 이해할 수 있는 자세가 되어 있느냐가 중요하다.

3. 한국으로 귀국 한 후 대중과 소통할 수 있는 힘 능력 기회를 찾았다 한양대 국제관광대학원의 엔터테인먼트콘텐츠학과를 입학하여 한국의 문화콘텐츠(관광, 도서, 음악, 영화 등)에 관해 연구를 시작하였다. 현재는 연구한 내용을 실천에 옮기고 있다. 인포테인먼트 라이터(정보를 쉽고, 재미있게 전달하는 작가)로 책을 쓰거나 자칭 호주 홍보대사로 활동 중이다.

《호주 워킹홀리데이 쌩SHOW를 하라》 책을 쓰고 대학교, 박람회, 세미나에서 강의와 상담을 해주고 있다. 그동안 만 명이 넘는 대학생들에게 꿈과 열정을 키워주는 강연을 지속적으로 진행 중이다. 국내 대학교, 고등학교 등 전국 투어 세미나를 생각하고 있다.

4. 영어공부, 지금 당장 시작해라 "비즈니스 코스를 거쳐 테솔(Tesol)과 텍솔(Tecsol)까지 수료하라."

'유학 가서 영어공부를 시작해야지'라고 생각한 사람은 영어공부 하지 마라. 지금부터 꾸준히 해야 한다. 귀국해서도 전화영어나 오프라인 영어학원을 꾸준히 다녀야 한다. General English로 일반 회화공부를 시작하여 비즈니스 코스를 거쳐 텍솔까지 공부했다. 테솔이나 텍솔은 영어를 가르치는 선생님 입장으로 공부하는 것이다. 아시겠지만 누군가를 가르치려면 더 많은 것을 알아야 한다. 더 공부를 할 수 밖에 없다.

"아는 만큼 보이고, 아는 만큼 얻어 갈 수 있다."

한국에서 영어 기본(토익스피킹 level 4~5) 정도는 배우고 간다면 더 많은 것을 얻을 수 있다. 요즘은 필리핀에서 1개월에 100만 원 정도면, 1:1 수업과 숙식까지 가능하다고 한다. 호주보다 훨씬 싸서 많이 이용한다. General English 일반회화는 3개월 이상은 등록 하지 마라. 일반적으로 커리큘럼(curriculum)이 3개월 단위로 로테이션으로 돌아가기 때문이다. 또한, 호주에서 인터뷰를 통해 비즈니스 코스를 바로 시작하면 좋다. 아니면 바로 인턴십으로 시작하여 돈과 경험을 함께 해보는 것도 좋다.

영어실력을 증가시켜 준 방법을 하나 소개하겠다. 말하고 싶은 내용을 글로 쓰고 영어 선생님께 검토를 받고, 외워서 이야기하라. 미리 이야기하고 싶은 내용을 작문해서 선생님께 검토를 받는다. 검토받은 내용을 계속 반복적으로 사용하는 것이다. 여러 영어책들의 영어문장들의 사례는 나의 사례가 아니다. 많은 공감을 할 수 없어서 외우기 쉽지 않다. 공감, 관심, 내 주제에 맞게 작문을 해서 표현하자. 주로 내가 말하고 싶은 내용은 비슷하다. 예를 들면, "어제 뭐했니", "어디로 여행 가봤니", "취미는 뭐니" 등 질문의 대답은 비슷하다. 이런 부분을 정확하게 이야기하는 연습을 하는 것이다. 본인 상황에 맞게 예문을 만들어서 외워보자.

이런 방법은 스트레스를 엄청 주었던 이탈리아 식당 사장에게 하고 싶은 말을 정확하게 전달하고자 시작했다. 대화식 일기를 쓰고, 그 문장을 외워서 이야기 했다. 그 사장으로 인해 영어회화가 늘고, 영어로 꿈까지 꿨다. 꿈 내용은 욕으로 시작해서 욕으로 끝났다. 거창한 영어 대화의 한 장면이 아닌 내 입장을 내세우는 답변과 욕뿐이었다. 사장이 밉기도 하지만, 영어로 꿈을 꾸게 해준 첫 사람으로 고맙기도 하다.

영어로 꿈을 꾼다는 것과 영어로 질문할 때 머뭇거리지 않고, 바로 영어로 답변할 수 있는 것은 영어회화 기초에서 중급으로 상승하는 경계선이라고 말할 수 있다. 보통 영어를 듣고 내 머릿속에서 작문한다. S+v를 나열한다. 10초가 걸렸다. 어느 순간 10초가 5초가 되고, 5초가 0초가 되었다. 그때의 희열을 느껴보기 바란다. 나의 영어 선생님은 0초 만에 답변한 나에게 축하 메시지를 아낌없이 해주었다.

"Mac! 생각하고 작문해서 이야기했니?"

"아니요, 바로 튀어나온 거예요."

"Mac! Good!, Excellent!"

칭찬을 아낌없이 해줘라. 고래도 춤을 추게 만들기 때문이다. 더 자신감이 생기고, 재미가 생겼다.

- 영어 환경을 최대한 만들어라.
  아침에 눈을 뜨자마자 TV를 틀어놓는다. 밥을 먹을 때, 잠자기 전 항상 TV와 함께 한다.
  광고와 재미있는 프로그램을 항상 찾아서 본다. 걸어 다닐 때는 라디오로 그 나라 방송을 들어라.
- 말하고 싶은 내용을 글로 쓰고, 선생님께 검토를 받은 후 이야기 하라(실제 상황에 맞는 대화식 일기쓰기).
- 영어로 꿈을 꾸어라.
- 영어 질문의 답변을 0초 만에 이야기 할 수 있는 희열을 느껴라.

5. 호주 가족의 일원이 돼라 시드니시티는 자전거로 여행했다. 동서남북을 정해서 하루하루 목적지를 향해 페달을 밟았다. 목적지에서 도시락을 먹을 때면 마음의 여유를 한 개씩 채워가는 것 같았다.

"오늘은 꼭 목적지에 가서 깃발을 꽂아야지."

이런 여행은 보여주기 위한 여행이며, 진정한 여행이 아니다. 오늘의 여행 목적지에 도착하지 않아도 괜찮다. 여행은 결과보다 과정이 중요하다.

"유럽여행 갔다며? 몇 개 나라에 다녀왔니?"

실망스러운 질문이다. 많은 국가를 다녀온 것이 자랑거리가 된다고 착각하지 마라. 진정한 여행은 과정이 즐거워야 한다. 한 개의 국가라도 제대로 보고, 현지 사람을 만나서 문화, 가치관에 대해 이야기 해봐야 한다.

호주 사람과의 가족 체험을 위해서 우프(WWOOF) 활동을 했다. 우프(WWOOF)를 통해 호주 가족의 사랑을 느꼈다. 호주 가족의 일원으로 생활하는 우퍼는 숙식이 무료다. 대신 하루에 몇 시간 정도 주인과 함께 일을 해야 한다. 노부부와 함께 잔디를 깎고, 동물 먹이 주기, 일요일 아침은 교회에서 예배를 드렸다. 가끔 노부부의 친척과 친구들의 저녁 모임에 초대를 받기도 했다.

60세 이상의 노부부는 자급자족으로 생계를 유지한다. 1주일에 한 번 할머니가 계란, 꿀 등을 판매하러 시장으로 나간다. 짐을 잔뜩 싣고, 출발하기 전에 할아버지와 포옹을 한다.

"조심해서 다녀오세요."

그리고는 아름다운 키스를 나눈다.

'우와~영화의 한 장면이다. 아름답다(Beautiful)는 표현은 바로 이런 것이구나!'

한국의 노부부가 이렇게 행동할 수 있을까? 이렇게 사는 사람이 있을까? 내가 노인이 되었을 때 그들처럼 아름다운 키스와 포옹을 할 수 있을까? 의문이 생겼다. 난 꼭 하겠다고 결심했다. 내 가족과 자식들에게 보여줄 것이다. 가족의 행복은 인사부터 나오는 것이다. 좋은 점은 배워야 한다.

- 돈으로는 살 수 없는 호주 가족의 삶, 삶의 현장을 느껴보기 바란다. 돈보다 더 값진 것을 깨달았다. 우프는 홈스테이와 돈을 벌기 위한 농장과는 다르다는 것을 명심하라.
- 여행은 결과보다 과정이 중요하다.
- 어느 나라 사람이든 사람은 다 똑같다. 악한 사람이 있다면 선한 사람이 있다.
- 《미운 오리 새끼》의 동화작가 안데르센은 여행에서 인생을 배웠다고 한다.
- 한국, 일본, 호주, 미국 등 어느 나라든 혼자 행동하면 위험하다.

6. 나는 외국인 노동자 호주에 도착하면, 난 집 없는 해외노숙자이며, 동시에 외국인 노동자다. 여행 가방 하나 메고 온 호주, 나를 반겨준 사람은 아무도 없었다. 내 존재도 모를 것이다. 길 가다 죽어도 나의 행방을 알 수 없는 그곳이다.

나의 무기는 국문 · 영문 이력서 100장씩 프린트 한 묶음과 나는 살 수 있다는 도전 정신 그리고 열정이다. 마지막으로 나, 자신을 믿는 것이다. 도착하는 날부터 짐을 들고 이력서를 돌리기 시작했다. 이유는 불안했기 때문이다.

3일 만에 일을 찾아서 이탈리아 레스토랑에서 일을 시작했다. 1시간에 $10로 주방보조로 일했다. 이탈리아 레스토랑은 이탈리아 여사장의 구박을 못 이겨 그만두는 Chef와 직원들이 많았다. 직원이 자주 바뀌는 레스토랑이었다.

"이 한국인도 곧 그만두겠지"

생각하면서 2주간 정도는 직원끼리도 말을 잘 안 한다. 이유는 곧 그만둘 텐데 정을 줄 필요가 없다고 생각하기 때문이다. 일한 돈을 받는 날 약 $300가 봉투에 들어있어야 하는데 집에서 확인해보니 $100가 모자랐다. 다음날 사장에게 이야기했다.

"사장님, 돈이 부족해요."

"Mac, 거짓말하지 마."

한참 동안 말싸움을 했지만, 결국 돈을 받지 못했다.

어느 날, 리조또 준비를 위해 밥을 짓고, 밥통에 나눠 담고 있었다. 손에 밥풀이 묻어서 먹었다. 그때 사장과 눈이 마주쳤다. 이글이글 끓고 있는 눈빛과 락커가 노래하듯 소리 지르는 입 모양, 밝은 주방이 갑자기 어두워지는 것 같았다. 흥부전에서 흥부가 놀부에게 주걱으로 빰을 맞는 심정이라고 할까?

"Oh, My God! 어머! Mac 좀 봐! 밥 먹는다!"

- 업무 시간 엄수. 코리안 타임은 죽음이다.
- 내 일만 다 했다고 해서 끝내지 말고, 일을 찾아서 하라.

7. 이것만은 알아둬!

- 필리핀 연계를 통해 영어공부를 1대1로 하라.
- 필리핀에서 3개월 공부하고, 호주에서는 인턴십으로 취업하라.
- 필리핀유학 + 호주인턴십(호주워킹홀리데이 비장 취득) 권유
- 워킹홀리데이 비자 2개 이상 취득 후 출발(뉴질랜드, 호주, 일본) - 스탑오버로 가능
- 여행성공은 영어 재미에 비례한다.
- 영어를 못해도 괜찮다. 필리핀에서 저렴하게 공부하고, 영어공부에 욕심을 가지고 시작하라.

- **이름_** 구은경
- **출국할 때 자금_** 필리핀 100만원(2달 생활비), 호주 250만원(2달 생활비)
- **출국일 · 입국일_** 2010. 3. 20 ~ 2011. 1. 29
- **체류 지역_** 필리핀 다바오, 시드니, 프래져 섬
- **어학연수 기간_** 필리핀 2개월, 호주 9개월
- **일했던 직종_** 시드니 시티 스시 테이크어웨이숍, 리조트 레스토랑 웨이츄리스
- **여행 장소_** 케언즈 – 브리즈번 – 시드니 – 캔버라 – 멜버른
- **특이사항_** 필리핀 연수, 호주 인턴십, CVA 자원봉사

1. 실패도 경험이다 나는 호주에서 성년의 날을 혼자 맞이한 만 20살이었다. 대학에 입학하고, 처음으로 서울에서 혼자 살게 되었을 때, 낯선 곳이었지만 잘 자립했던 경험을 바탕으로 호주에서도 혼자 잘 살 수 있다고 생각했다. 하지만 처음에는 모든 것이 쉽지 않았다. 어떤 것을 해도 스스로 결정하고 책임져야만 했다. 물론 주위 사람들이 도와주기도 했지만 하루 세끼를 챙겨 먹고 '평범하게 살아가는 것'이 이렇게 어려운지 몰랐다.

여러 난관을 겪었지만 실패도 경험이라는 생각에 계속 도전했다. 전혀 알지 못하는 사람에게 다가가 말을 걸고, 이력서를 들고 수많은 호텔과 가게를 방문했다. 집으로 돌아가는 차비가 없어서 지나가는 사람에게 돈을 빌려 보기도 했다. 예전에는 더럽고 힘들다며 하기 싫어했던 일들도, 일과 자원봉사를 하면서는 묵묵히 제일 먼저

나서서 일했다. 나의 이런 변화가 나 자신도 놀랍고 부끄럽기도 했지만, 한편으로는 스스로가 자랑스러웠다.

2. 호주에서 배운 것 호주를 여행하면서 참 다양하고 많은 사람을 만났다. 그들에게 배울 점을 찾기도 했고, 그들의 잘못된 점을 보며 타산지석으로 삼기도 했다. 또한 많은 외국인을 만나며, 몇 사람만을 겪고서 그 나라를 판단하면 안 된다는 것을 느꼈는데, '으레 그럴 것'이라 생각했던 각 나라 사람들의 특징이 편견이었던 적이 많았기 때문이다.

호주라는 머나먼 타지에서 나는 오히려 같은 한국인보다 길에서 만난 외국인이 더 위로가 되기도 했다. 호주에서 사랑니를 뽑아야 했던 적이 있었는데, 돈이 모자라 발만 동동 굴렀다. 그때 적지 않은 돈을 빌릴 수 있었던 것은 룸메이트였던 태국 친구였다. 또 사랑니를 뽑은 뒤, 마취가 풀려 길거리에 주저앉아 울고 있던 나에게 괜찮으냐고 물어봤던 사람들도 모두 외국인이었다. 그때는 같은 한국인보다 길에서 만난 외국인들이 외로웠던 나에게 위로가 되었다. 한국인이 냉정하다는 뜻은 아니다. 단지 낯선 사람에게 다가가 안부를 묻는 문화는 우리에게 어색하다는 것이다. 나는 그 일을 겪으며 내가 모르는 사람이라도 마주치면 웃어주는 사람이 되어야겠다고 결심했다.

호주에서 배운 것 중에 가장 커다란 것은, 환경사랑이었다. 호주에서 'CVA(Conservation Volunteers Australia : 자연보존을 위한 호주자원봉사협의회)'에 참가했는데, 한국에서도 해보지 못한 첫 환경보호 자원봉사였다. CVA 활동을 하며 호주 사람들이 얼마나 환경을 아끼고 야생 동물과 곤충을 소중하게 여기는지 보았다. 그들은 작은 동물 한 마리도 함부로 대하지 않았다. 나는 봉사활동 기간 동안 리조트에 기거하며 야생 앵무새를 보호하는 일을 했었는데, 리조트 복도에 매일 어떤 새가 똥을 싸 놓았다. 나는 그 새가 얄미워, 새집이 보이면 없애버리고 싶다는 생각을 했다. 그런데 어느 날, 그 새가 복도에 병든 채로 발견되었다. 호주 친구들은 그 새를 위해 집도 만들어주고 정성껏 간호하였다. 나는 그 모습을 지켜보며 한때 못된 생각을 가졌던 것이 부끄러웠다.

환경 보호 실천은 자원봉사를 하는 사람뿐만 아닌, 많은 호주 사람들의 몸에 배어있는 듯 보였다. 호주의 유명한 바다를 찾아갔을 때, 아름다운 경치에도 놀랐지만 깨끗하여 더 놀랐었다. 사람들 스스로 길에 쓰레기를 버리지 않고 곳곳에 비치된 쓰레기통에 버리기 때문이었다. 문득 한국에서 방문했던 관광지가 쓰레기로 오염되었던 모습이 떠올랐다. 그리고 한국으로 돌아가면 내가 제일 먼저 솔선수범하는 환경지킴이가 되리라 결심했다.

짧고도 길었던 1년 동안, 인생을 압축해서 경험한 기분이었다. '혼자서 해내는 법'을 깨우친 것이 나를 한 뼘 더 성장하게 했다. 밥을 해 먹는 작은 것에서부터, 일을 구하고 어려운 상황에서도 혼자 대처할 수 있게 되었다. 그러면서 가족과 친구의 소중함도 느꼈다. 마음을 터놓고 언제든 편하게 지낼 수 있는 사람들이 내 주위에 있다는 것이 얼마나 행복한 것인지 느꼈다. 앞으로는 내가 혼자서 할 수 있는 일을 찾아 열심히 해야겠다는 생각이 들었다. 요즘 나는 '내가 정말로 하고 싶은 일'이 무엇인지 생각하고 있다. 그리고 계획을 짠 뒤 차근차근히 해내고 싶다. 호주에서의 1년 인생처럼 앞으로도 내 인생을 멋지게 살아가리라.

3. 영어공부는 어떻게? "나만의 공부 방식을 만들자."

호주에 오기 전 2개월 간 필리핀에서 공부했다. 그때 다바오 지역에서 기숙사에 지내며 영어학원에 다녔는데, 다바오는 한국인에게 많이 알려지지 않은 곳이라 영어공부하기에 참 좋은 곳이었다. 내가 다닌 학원은 스파르타 학원이어서 평일에는 외출이 금지되어있었다. 아침 7시 30분부터 단어와 듣기 시험을 시작으로 오후 8시까지

수업을 들었다. 수업은 필리핀 현지인 튜터나 미국 원어민과 1:1 또는 1:6 수업이었다. 처음에는 튜터와 단 둘이서 어떻게 수업을 할지 걱정이었는데 나중에는 빨리 수업을 듣고 싶을 정도로 수업시간이 즐거웠다. 나는 튜터마다 파트를 정해서 어떤 튜터와는 문법공부를 하고 어떤 튜터와는 프리토킹을 하는 등 분야를 나누어 공부했다.

"호주 생활 자체가 영어공부다. 어디서든 받아쓰기 준비를 하라."

호주에서도 물론 학원을 다녔다. 그러나 학원보다도 외국인과 함께 셰어를 하면서 친구들과 쓰는 영어가 실력향상에 정말 많은 도움이 되었다. 셰어 친구들은 영어가 모국어는 아니었지만, 브라질이나 이탈리아 친구들의 발음이 좋았다. 생활 중에 영어를 배우는 것은 일할 때도 마찬가지였다. 리조트에서 일을 하면서 동료들과 나누었던 대화가 좋았다. 손님들과도 영어로 대화하지만 그때 쓰는 영어는 한정적이어서, 내 경우에는 큰 도움이 되지 못했다. 퇴근 후에도 동료들과 함께 어울렸는데, 항상 오늘은 어떤 주제로 대화해볼까 정했었다. 대화 중간에 모르는 단어가 나오거나 발음이 어려우면 냅킨에 적어놓고 숙소에 돌아와 확인해보며 공부했다.

4. 지금을 즐겨라 필리핀에서는 주말마다 쉬지 않고 여행을 다녔다. 필리핀의 물가가 한국보다 많이 쌌기 때문에 부모님께 받은 용돈으로도 충분히 풍족한 여행을 즐길 수 있었다. 비치에 놀러 가서 고기도 구워 먹고, 야외수영장도 가고, 마사지를 받으러 다니기도

했다. 필리핀 친구들과 친해져서 단체로 웨이크보드 파크에 가서 닉보드와 웨이크 보드를 타기도 했다. 필리핀에서 놀 때는 자신을 스스로 절제할 줄 알면서 즐기는 것이 가장 현명하다. 해보지 못했던 경험을 다양하게 해보는 것은 좋지만, 싼 물가 탓에 절제를 잃고 흥청망청 쓰다 보면 잔고가 바닥이 날 수 있기 때문이다.

호주에서는 스스로 번 돈으로 여행을 했다. 처음에 모든 것이 한국보다 비싸다는 생각에 머뭇거렸는데, 지금이 아니면 마음 편히 여행할 수 있는 때도 없을 것 같았다. 케언즈를 시작으로 브리즈번, 시드니, 캔버라, 멜버른 등 호주의 동남부를 여행했다. 호주는 관광 사업에 정말 많은 투자를 하는 것 같았다. 바다도 항상 깨끗하게 유지하는 것이 인상적이었다. 투어를 같이 신청하는 처음 만나는 한국인이나 외국인들과 금방 친해져서 같이 여행을 즐겼다. 여행하면서 멀

리 까지 펼쳐진 초원과 양 떼, 소 떼를 볼 수 있었다. 한국에서는 소들이 항상 좁은 공간에 갇혀있는 것만 보다가 호주 초원에서 소들이 빨리 뛰어다니는 모습을 보니 신기하고 재미있었다. 사진을 찍기에 취미가 있던 나에게 정말 아름답고 색다른 풍경을 담을 수 있는 곳이었다.

5. 호주에서 일하기 호주로 떠나기 전에 부모님과 약속을 했다. 학원에 다니는 동안에만 용돈을 받으며 살겠다고 했다. 그리고 학원이 끝나면 알아서 일자리를 찾고 스스로 벌어서 살아보겠다고 약속한 것이다. 그래서 시드니에서 학원의 기간이 끝나갈 때부터 일을 구하려고 알아봤다. 생전 처음 이력서를 해외에서 썼다. 호주에 왔으니 외국인 밑에서 일을 꼭 해봐야겠다고 다짐했었기에 이력서를 들고 시드니에 있는 호텔만 돌아다녔다. 약 20개 넘는 호텔에 이력서를 내며 일자리를 찾아보았다. 나중에는 호텔뿐만 아니라 현지인이 운영하는 레스토랑이나 카페도 알아보았다. 호주 사회에서는 경력이 신용이어서 처음에 일자리 구하는 것이 가장 힘들었다.

그러다 절망할 때쯤, 대학교 선배가 일했었다는 리조트에서 연락이 왔다. 이력서와 자기소개서를 총 매니저의 메일로 보냈더니 답장이 왔다. 그 답장이 나에겐 정말 하늘에서 내려준 한 가닥의 생명줄 같았다. 항상 의지해오던 언니, 오빠들의 품을 떠나 혼자서 20시간 동안 기차를 타고 버스를 타며 프래저 섬의 유롱비치 리조트로 향하였다. 나중에 알게 된 사실이지만 그 리조트에 일하려면 개인 접촉과 에이전시를 통한 두 가지 방법이 있는데, 에이전시를 통한다면 소개비로 120만 원에서 140만 원 정도를 내야한다. 그래도 나는 소개비를 안내서 다행이었다.

처음에 리조트의 하우스키퍼로 배치되었다. 하우스키퍼로 일하면서 영국, 일본, 대만 친구들과 대화하며 일을 했다. 하지만 나는 손님과 직접 대화하면서 일할 수 있는 곳에서 일하고 싶었다. 그래서 부서변경 신청서를 쓴 뒤, 매니저나 슈퍼바이저의 눈에 들도록 열심히 말도 걸고 다가섰다. 우리가 처음에 서양인 구분하기 힘들 듯이, 현지인들에게 동양인들도 비슷비슷해 보였기에 눈에 띄도록 노력해야 했다. 그리고 레스토랑에서 일을 하면서 호주, 뉴질랜드 친구들과 많이 친해졌다. 처음에는 그냥 같이 일하는 동료였지만 시간이 지날수록 서로에 대해 알아가면서 친구가 될 수 있었다.

나의 파트는 레스토랑에서 아침, 점심에 일하는 것이었는데, 아침에 새벽 6시에 시작해서 오후 2시 반에 일이 끝났다. 남들과 좀 다른 스케줄이었지만 베이커리에서도 나와 같은 스케줄의 호주 친구가 있어서 많은 것을 공유할 수 있었다. 쉬는 시간에 많은 이야기도 나누며 내가 영어공부하는 것을 고쳐주기도 하고 친해질 수 있었다. 그 친구를 통해서 외국인의 속마음과 생각을 조금이라도 더 알 수 있었다. 가끔 동양인을 무시하는 상황이 생기면 내가 어떻게 나의 권리를 찾고 살아야 하는지 충고를 아낌없이 해주었다. 한국인의 경우라면 그냥 무시하고 내 일이 아니라고 외면할 수도 있는 상황이었지만, 그 친구에게서 많은 도움을 받았다.

6. 이것만은 알아둬!

- 사람을 너무 믿어서도 안 되지만 멀리해서도 안 된다.
- 노력하는 만큼 영어를 쓸 기회가 생긴다.
- 외국인 친구들과 술 마시고 파티를 즐기며 어울리는 것도 공부가 될 수 있다.
- 정말로 원하고 간절하다면 창피하거나 힘든 것도 견뎌야 한다.

호주에서 같은 한국인들끼리 사기를 치는 경우가 은근히 많다. 그래서 어느 정도 서로 정보를 공유하며 친할 수 있지만 모든 것을 맡기는 것은 위험한 일이다. 그리고 많은 사람들이 처음에 겁을 먹고 밖에 나가기를 꺼리는 경우가 많다. 하지만 나의 경우에는, 항상 지도를 들고 어디든 걸어 다녔다. 그리고 현지인들처럼 잔디 위에 앉아서 책도 읽어보고 벤치에 앉은 사람들에게 괜히 이유를 만들어 말도 걸었다. 아는 길도 어떻게 가야 하는지 물어보고, 뜬금없이 경찰

에게 일하는 것이 힘들지 않은 지 물어보기도 했다. 신기하게도 외국인들은 나를 이상하게 쳐다보지 않고 성의 있게 답해주거나 내가 가고 싶어 하는 곳을 같이 걸어서 안내해주기도 했다. 이처럼 뭐든지 도전해보고 많은 경험을 쌓는 게 가장 중요한 것 같다. 걱정과 부끄러움으로 도전하지 못한다면 얻는 것도 없다고 생각한다.

- **이름_** 김자영
- **출국할 때 자금_** 1년 학비 2000만원 + 1달 용돈 200
- **출국일 · 입국일_** 2011. 2. ~ 2012. 2.
- **체류 지역_** 시드니
- **어학연수의 종류와 기간_** General English & Business English 1년
- **일했던 직종_** NOT YET (영어공부에 집중 시기) 추후 인턴십 예정
- **여행 장소_** 시드니(Watsons Bay, Clovely, Deeway / Coogee, Bondi, Manly beach / Bald Hill, Royal national park, Shell harbor, Woollongong, Blue mountain, Snow mountain etc.)
- **특이사항_** 학생비자

1. Experiencing is a better way to learn as it says action speaks louder than words! 백문불여일견(百聞不如一見). 누구나 다 알고 있듯이 많이 듣는 것보다 한 번의 경험이 중요하다. 이를 몸소 실감하고 있는 중이다. 지금까지 살아오면서 느껴온 모든 것들이 호주에 와서 다시 한 번 내 삶의 경험에 밑줄을 긋게 된다. 그래서 무엇을 또렷하게 남겨야 하고 무엇을 희미하게 지워야 하는지 가치관이 다시 한 번 정립되는 시기가 되었다.

연극학과를 졸업하고, 뜨거운 가슴과 차가운 머리로 모든 엔터테인먼트 분야를 섭렵하겠다며 관광대학원의 엔터테인먼트 콘텐츠 학과에서 석사공부를 하던 중에, '국가이미지'가 끼치는 영향에 관해 관심을 가지면서 관광의 중심인 호주에 관심이 가기 시작했다. 호주

의 어떤 면이 관광의 중심지가 되어 세계를 열광케 하는가. 한국이 어떤 점을 배워야 세계인의 발걸음을 일본과 중국에서 지나치지 않고, 한국으로 돌릴 수 있을까. 도대체 한국이란 나라는 세계인에게 어떤 이미지이기 때문에 우리나라를 대표하는 기업마저 한국을 마케팅하지 않는가. 먼 훗날 KOREA 아니, COREA라는 말만 들어도 신뢰할 수 있는 기업이 많아지길 절실히 바라는 마음이다. UNSW에서 공부하면서 유럽과 남미 친구들이 많이 생겼다. 말로만 듣던 문화차이가 무엇인지 몸소 느끼는 것이 정말 소름 끼치게 재미있었다. 아직까지 북한과 한국에 대해 모르는 사람들도 많았고, 한국을 대표하는 기업들의 이름을 알고 직접 사용하면서도 그게 '한국'이란 나라 것인지 모르는 사람이 대부분이었다. 나는 기회가 주어질 때마다 프레젠테이션에서 한국경제, 한국문화를 알렸고, 한국에 대한 관심이 많아지는 친구들을 보면서 마음이 뿌듯해졌다. 이게 바로 한국안에서는 모르는 타지에서 애국심이란 것인가 보다.

처음 어학공부를 결심했을 때, 미국과 호주 중에 고민을 많이 했다. 호주는 예전의 호주가 아니다. 지금 환율이 미국 보다 높기 때문에(USA:1,050/AU:1,145) 학생비자로 저렴하기 때문에 호주를 간다는 말은 무용지물이다. 원래부터 미국을 가기로 결심했었던 내가 호주로 발걸음을 돌리게 된 계기는 호주에 지인들이 많이 있어서인 이유도 있지만 큰 장점은 바로 'multi-culture'다. 얼마나 우리와 문화가 다른가를 인식하고, 각 나라의 문화를 배우는 것이 중요하다고 느꼈다. 단지 같이 영어를 사용해 서로 같은 언어를 사용한다고 해서 같은 말을 하는 것은 아니다. 그 사람들의 문화를 알면 더 그 사람을 이해할 수 있다. 특히 인사법이 어떤지도 중요하다. 한쪽 볼에 키스하는지 양쪽 볼에 키스하는지, 단지 악수를 하는지도 알아야 한다. 어느 나라는 종교적인 의식이 뚜렷해 금지된 음식이 있어 식사 자리에서 불쾌감을 주지 않는 것도 중요한 문제이다.

호주는 관광의 대표 국가이다. Tasmania, Brisbane, Gold Coast, Darwin, Melbourne 그리고 Canberra 등의 대자연 지역은 물론이고 항구도시인 시드니는 꾸미지 않는 대자연과 고층의 현대식 빌딩의 조화가 탄성을 자아낼 정도로 멋지다. 내가 지금 이 땅을 밟고 있는 것만으로도 행복하다는 것과 눈부시게 아름다움을 사진으로 담아낼 수 없다는 것이 안타까울 뿐이다.

호주는 그렇게 미국의 미련을 하나씩 없애면서 굳건히 내 가슴에 옳은 선택으로 자리 잡고 있다.

2. 여유의 인식, 그리고 한계 직업의 귀천이 없는 나라! 청소를 해도 월 500은 거뜬히 벌 수 있는 나라다. 나 역시도 이해하기 쉽지 않았던 모든 직업이 여기서는 인정받는다. 우리나라는 세계에서 경제력이 높은 나라 중 하나인 것은 누구나 아는 사실. 짧은 시간 동안 급격히 성장한 탓인지 문화적인 부분이나 직업에 대한 귀천 의식이 여느 나라보다 강하다. 하지만 호주는 어느 직종이든 임금이 높기 때

문에 커피 한 잔의 여유가 당연한 것이다. 한국인의 커피 한 잔은 어느덧 된장의 대명사가 되어버림이 바로 임금의 차이인 것 같다. 여유는 우리의 의식뿐 아니라 환경도 뒷받침에 되어야 가능한 것이라는 것을 깨달았다. 막연히 여유만을 쫓아서 살 수 있는 환경이 되기까지는 시간이 필요할 것 같다. 우리 모두가 느리게 걷기, 여유를 찾기에 신경은 쓰고 있지만 사실상 여유가 어려운 것이 현실이기 때문이다.

한국에서 체험할 수 없는 slow life. 이와 같은 현상에 이어지는 것이 국민의식이다. '죄송합니다', '감사합니다', '좋은 하루 되세요', '오늘 기분은 어때요?', '그 옷 정말 잘 어울리는군요' 처음 보는 사람에게 건네는 기분 좋은 인사다. 한국에서 경험하지 못한 '존중'을 배웠다. 조금이라도 부딪히면 사과의 인사를. 그냥 지나가는 사람일지라도 눈이 마주치면 윙크를. 가벼운 인사로 시작해 짧은 대화로 이어질 때 이어지는 감사의 인사. 어디에서나 쉽게 들리는 'Thank you'. 모두 알고는 있지만 표현하기 쉽지 않은 한국인에게 또 하나의 무언의 가르침이다.

3. 영어공부 비법

"Intermediate에서 시작해서 Advanced로 마무리하기"

나의 관심사가 무엇인지 파악하는 것이 중요하다. 영화와 드라마 감상, 음악감상, 그리고 패션잡지 읽기가 나의 관심사이다. 이를 모두 영어로 관련짓는 것이다. 관심사이기 때문에 쉽고 재미있고 빠르게 익힐 수 있다는 큰 장점이 있다. 특히 대부분의 사람들이 많이 하는 드라마 섭렵하기. 말처럼 쉽지는 않지만 듣고 보고 또 보도 반복하면 드라마의 대사를 암기한다. 모두 다 암기할 생각은 하지 말고, 짧고 쉬운 것부터 익힌다. 처음엔 장난스럽게 똑같이 따라 하다 보면 나중에는 나도 모르게 불쑥 튀어나온다. 물론 호주 방송을 보는 것도 추천한다. 단, 개인적으로 호주 드라마는 재미가 없으므로 미국이나 영국 드라마 추천!

한국인을 멀리하고 외국인 친구들과 소통하는 것이 중요하다. 처음에는 영어가 너무 절실했기 때문에 한국말을 하는 자체가 스트레스였다. '나에게 허락된 시간은 딱 1년인데 그 안에 어떻게 유창하게 영어를 말할 수 있을까'라는 걱정이 앞섰다. 하지만 1년 안에 모두가 유창한 영어가 가능해진다면, 세상 모든 사람이 영어를 잘하겠지. 너무 큰 욕심은 좌절을 부르는 것 같다. 이미 호주에 한국 지인들이 많기에 한국친구를 새로 사귀고 싶지 않았고, 되도록 한국 사람과도 영어를 하려고 애썼다. 외국인 친구와는 어쩔 수 없이 영어로 대화를 이끌어야 하기 때문에 답답해서라도 영어공부를 하게 된다. 가장 친하게 지낸 프랑스 친구가 있다. 처음에는 서로 전화통화가 힘들었다. 서로 영어를 배우는 처지이기 때문에 서로 이해를 한다. 처음 전화 통화를 했을 때는 눈빛을 볼 수 없기 때문에 힘들었다. 도대체 무슨 말을 하는 건지 일단 만나서 얘기하자며 전화를 끊는다. 점차 서로 같이 공부하면서 영어 억양에 익숙해지고, 통화를 해도 거리낌 없고, 만나서는 서로 속 깊은 얘기까지 하게 되었다. 서로 감정 표현에 솔직하기 때문에 문자를 하다가도 울컥울컥 감동 받을 때가 많이 있었다.

한국에서도 가끔 영어예배를 드려서인지 그렇게 낯설지는 않았다. 나는 기독교이기 때문에 주일이면 교회를 간다. 동네 교회에 갔더니 할머니와 아주머니께서 반갑게 맞아 주셨다. 또래들과 친해지고 싶어서 호주에서 가장 유명한 Hillsong 교회를 다니기 시작했다. 한국말로 말씀을 듣는 것보다 영어가 더 풍부하게 와 닿았다. 처음에 교회 갔을 때는 찬송만 따라 부를 정도였는데, 점점 성경책을 찾아보고 목사님의 말씀을 들으면서 은혜 받기 시작할 때, 희열은 말로 설명할 수 없다. 힐송은 딱딱한 교회가 아니라 찬양 밴드의 공연과 함께 공감대가 형성되게 액티브한 목사님들이 많이 계셔서 더 적응하기 편했다. 원한다면 커넥팅 그룹을 통해 7명 정도 함께 일주일에 한 번씩 모여 성경구절과 자기 삶에 관한 감정을 서로 소통하며 보다 더 깊은 관계의 친구를 만날 수도 있다.

일반 영어회화를 배우다 보면 각 나라 친구들의 활기찬 모습을 볼 수 있다. 같이 웃고 얘기하면서 즐겁게 문법을 마무리하면서 생활영어를 배운다. 비즈니스 영어는 일반 대학교의 경영학의 테두리를 배우고, 실전에 부딪혔을 때 영어를 어떻게 사용하는가에 대해 배운다. 일반 회화와 다르게 좀 더 공식적인 영어를 배운다. 성공기업과

실패기업에 대한 사례연구와 회사 미팅 자리에서 의견 제의하고 토론하기. 회사의 재정 문제나 어떤 문제에 직면했을 때 풀어가는 방법, 마케팅에 성공한 박물관 직접 견학 등을 통해 실전 영어를 배운다. 여기에는 대학원 진학하기 전이나 호주에서 계속 거주해야 하기 때문에 비즈니스 영어가 필요한 사람들과 같이 공부하게 된다. 다양한 나라 친구들이 많기 때문에 만약 우리가 다른 나라 사람들과 일자리에서 만날 경우를 대비해 서로의 문화차이를 토론한다. 이것은 훗날 회사에서 일할 때, 각 나라의 문화를 더 잘 이해할 수 있고, 원활한 의사소통이 가능하게 도와주기 때문이다.

4. 발음은 어려워 사람들이 말하는 호주발음은 생각보다 어렵지 않았고 나름 Aussie만의 매력이 있었으며, 내가 다니는 대학교 선생님들은 영국, 미국, 호주 다 다른 국적이기 때문에 여러 발음을 듣고 배워서 재미있었다. 어학연수에서 중요한 것은 어디에서 공부하느냐도 크게 좌우되는 것 같다. 나는 한국인이 거의 없고 유럽과 남미 친구들이 많았다.

미국, 영국, 호주 등 영어권 나라에서 'Can't' 발음이 〔캔트, 컨트 등〕 조금씩 다른 것은 다들 알고 있을 것이다. 자칫 강조한다고 〔컨-트〕라고 길게 발음하면 입에 담지 못할 은어가 되기 때문에 주의해야 한다.

또 한 가지 발음에 관한 에피소드가 있다. 어제 먹은 오리고기가 생각나서 고기를 먹은 대화가 시작되었다. 다들 질겁하는 얼굴로 그런 것을 어떻게 먹느냐는 말에, 닭고기도 먹으면서 왜 오리고기는 못 먹느냐며 되물었다. 몇몇 이해할 수 없다고 고개를 절레절레 저었다. 몇 시간 후, 조용히 어떤 친구가 물었다.

"어떤 종으로 먹었니?"

그의 물음에 "오리가 종이 있어? 난 몰랐는데, 그냥 다 똑같은 것 아냐?"하고 되물었다. 친구는 종류가 많은데 대체 어떤 것을 먹었느냐며 시베리안 허스키, 요크셔 각종 개들의 종류를 말했다. 그제야 알았다. 아! DOG와 DUCK의 발음에 유의해야겠다. 문화적인 차이는 이런 사소한 것에서 나온다. 한국인의 개고기 먹기는 모든 이들이게 이슈다. 이것은 한국에서도 의견이 분분한데 외국에서는 어떻겠는가? 호주에서는 정말 모두가 개를 키운다고 할 정도로 많은 사람들이 강아지와 동행하는 것을 쉽게 볼 수 있다.

유학을 하면서 느끼는 것은 나도 누군가에게 떠나는 사람일 수 있지만, 내 입장에서 보면 나는 항상 누군가를 보내야 한다는 사실이 처음에 적응할 수 없어 힘들었다. 프랑스, 칠레, 이탈리아, 아르헨티나, 러시아, 타이완, 홍콩, 베트남, 브라질, 베네수엘라, 페루, 리비아, 사우디아라비아 등 많은 친구들과 함께 공부하고 있고, 특히 프랑스 파리 출신 친구와 칠레 친구들 여자 5명이 같이 요리도 하고, 홈파티도 하고, 속 깊은 얘기를 털어놓으면서 친하게 지냈다. 한 명씩 그들의 나라로 떠나보낼 때의 남겨짐의 슬픔은 말로 이뤄 말할 수가 없다. 세계로 뿔뿔이 흩어지는 것이기 때문에 내가 그들의 나라로 가거나 그들의 한국으로 오지 않는 이상 다시 보기란 쉽지 않다는 것을 몸소 느끼기 때문이다. 지금 헤어짐이 정말 평생 헤어짐이 되는 것일지 다시 만나게 될지는 아무도 모른다. 그러나 우리는 "Good-bye" 대신 "See you again"이라며 작별인사를 했다. 그러나 우리는 '스카이프'로 종종 인사를 나누며 꾸준히 keep in touch 하고 있다. 한국에서는 상상도 할 수 없던 외국인 친구와 울고 웃으며 정이 든다는 것이 새롭기도 하면서 마음이 훈훈해지는 뜻깊은 경험이다. 오늘도 나는 한 친구를 보내고 내일 다시 새로운 친구를 만난다.

5. 세계 일주? 호주에 다 있다! 호주는 복합문화이기 때문에 여러 나라의 문화를 한꺼번에 체험할 수 있다. 특히 영국의 영향을 많이 받은 호주여서 영국 느낌의 거리가 많은 것도 사실이다. 각 도시별 특징이 있기 때문에 여러 곳에서 여러 사람을 만나면 새로운 나라에 온 것과 같은 착각이 든다.

특히 음식에 관심이 많은 나는, 각 여러 나라의 고유 음식을 직접 그 나라 사람이 자기 국가의 음식을 요리하니까 그 나라의 고유한 맛을 직접 맛볼 수 있다는 큰 장점이 있다. 맛을 위하여 세계로 여행한다는 말이 무색할 정도이다. 특히 맘에 드는 것은 목요일부터 토요일까지 각 타운의 시장이 열리는데, 각 나라별 특유의 요리는 물론이고, 액세서리, 옷, 그리고 가방 등을 저렴한 가격에 구입할 수 있는 장점이 있다. 남들과 다른 아이템을 찾는다면 강력 추천한다. 특히 주말에 열리는 유명한 장으로는 Paddington market과 Glebe market이 가장 유명하다.

여름에는 주로 바다를 보러 많이 다녔다. Balmoral, Clovely, Bondi, Coogee, Manly beach 등은 시드니에서 대중교통으로 쉽게 갈 수 있는 곳이다. 그 밖에는 한국처럼 산이 흔하지 않은 호주에서 유명한 관광지인 Blue mountain($95), 와인을 맛볼 수 있는 Hunter valley($99), 호주의 수도 Canberra($99) 등이 대표적이고, Bald hill에서는 시야에 들어오지 못한 큰 바다를 위에서 내려다볼 수 있다. 겨울에는 Snow mountain으로 스노우보드와 스키를 타러 간다.

시드니 안에서도 여러 가지 이벤트를 많이 한다. Vivid light festival은 6월 중순경에 오페라 하우스를 중심으로 음악과 함께 레

이저 아트쇼를 한다. 그리고 때때로 Film과 Music festival을 한다. 각종 이벤트가 넘치는 시드니는 열정적이고 활기찬 도시이다. 시드니의 예술 무대는 세계적인 예술의 대가들과 지역의 예술가들이 하모니를 이루는 풍요로운 문화도시이다.

6. 호주에서 일하기 워킹비자가 아니라 학생비자여서 풀타임으로 일을 할 수가 없고 주어진 시간(주 20시간)에서 일할 수 있다. 나는 영어실력을 더 쌓은 후에 인턴십으로 들어갈 목적이기 때문에 파트타임으로 일하는 시간을 공부하는 데 더 투자했다. 주위 친구들은 시간당 $17~20 정도로 쉽게 일자리를 구했다. 직접 shop을 찾아가서 이력서(resume)를 내는 경우가 많고, 시드니 온라인 커뮤니티 사이트(www.gumtree.com.au)를 통해서도 쉽게 구할 수 있다. 나이가 25세 이상이면 법적으로 수당이 더 많이 올라가기 때문에, 패스트푸드점 같은 경우에는 나이 어린 사람을 선호한다.

학교에서 여러 사람을 만나다 보니, 일자리를 소개받을 기회가 꽤 많았다. 이미 직장이 있는데 영어를 집중적으로 배우러 온 사람이나 호주에 지인이 많은 사람이 명함을 내밀며 일자리 소개를 약속하기도 했다. 등굣길, 동 시간대에 우연히 매일 같은 버스를 탄 인연으로 친구가 된 나이가 지긋한 신사분이 있었다. 베트남 정부에서 일하신다고 했다. 항상 반갑게 인사를 하며 이런저런 얘기를 하다가, 혹시 일은 하지 않느냐는 질문에 영어공부에 집중한 다음에 영어가 유창

해지면 일을 하고 싶다고 말했다. 영어를 유창하게 할 줄 알면 일할 수 있는 환경에 차이가 있기 때문이다. 그러자 그분은 일주일에 한 번씩이라도 일에 관련한 경험을 쌓고 싶으면 일자리를 소개해 주겠다고 명함에 번호를 적어 주셨다.

학생비자로 와서 공부에 집중해야 했기 때문에 수입보다 지출이 많아 가끔 회의감이 들 때가 있었지만, 마지막으로 영어에 투자한다는 생각으로 열심히 공부하고 있다. 호주는 시간당 페이가 높으므로 워킹비자로 풀타임 일할 수 있다면, 환율 높은 지금 이 순간에 열심히 일하면 큰돈도 벌 수 있다.

7. 이것만은 알아둬!

• 한국에서 어느 정도 영어공부를!

한국은 영어학원 교육이 잘되어 있으므로 문법, 독해, 쓰기, 말하기 등 배우는 것에 문제가 없다. 시간이 날 때마다 배우자. 한국에서도 영어는 충분히 배운다. 문법은 물론이고 일단 기본적인 회화를 익힌 후에, 미국이나 영국 드라마로 억양을 익힌다. 그다음 듣고 말하는 연습을 한 후 영어권 국가로 떠나는 것이 순서다. 그러나 우리가 유학을 떠나는 이유는 한국에서는 아무리 영어공부에 시간을 많이 투자한다고 해도, 영어보다 한국어로 말하는 시간이 많기 때문에 한계가 있는 것이 아닌가? 한국에서 미리 공부를 해야 현지에서도 영어를 빠르게 습득할 수 있다. 막연하게 한국을 떠나서 영어를 시작해야겠다는 마음으로는 한계가 있다. 한국에서 영어를 어느 정도 공부하고 외국 어학연수에서 '마무리한다'는 마음가짐이 무엇보다 중요하다. 영어가 유창하다면 좋은 일자리를 구할 기회가 더 많아진다.

• 워킹비자로 올 것인가 학생비자로 올 것인가.

비자 선택이 중요하다. 여기에는 자기의 목표가 무엇인지 정확히 정해야 한다. 영어공부가 1순위라면 학생비자를 추천한다. 영어공부에 더 집중 할 수 있고, 보다 더 빠른 시일 내에 영어실력을 키울 수 있다. 주 20시간 일이 합법적이기 때문에 공부를 하면서 남은 시간에 일할 수 있다. 경험과 돈 벌기에 목적이 있다면 워킹비자를 추천한다. 하지만 학교나 학원에서 공부하는 시간이 제한되어 있고, 일이 집중적이기 때문에 공부에 지장을 주는 친구들도 많이 보았다. 그러나 시간당 페이가 높으므로 자금이 부족하다면 추천한다.

• 학교 or 학원?

어디에서 공부를 하는가도 중요하다. 풍부한 고급 영어를 지향한다면 당연히 대학부설에서 공부해야 한다. 특별히 내가 이 학교에 지원한 이유는 호주에 오래 있던 지인들이 추천한 명문대학교이고, 영어를 가르치는 강사들의 실력이 보장되어 있고, 한국인이 적었기 때문이다.

• 자신감을 갖고 즐겨라.

영어는 외국어다. 모국어가 아니기 때문에 완벽하게 소화하지 않아도 된다. 어설프게 말해도 의사소통엔 전혀 지장이 없다. 기죽지 말고 자신 있게 말해라. 당당함만 잃지 않는다면 어디에서도 쉽게 적응할 수 있다. 호주에는 여러 페스티벌이 열리고, 다양한 국적의 친구들도 많이 만날 수 있기 때문에 배울 점이 정말 많이 있다. '공부해야지'라고 생각하지 말고 영어를 '즐겨야지' 하면서, 친구들과 만나서 놀고먹고 얘기하면 영어에 대한 스트레스도 풀리고, 나도 모르게 향상된 영어실력에 가끔 놀라게 된다.

- **이름_** 성원영
- **출국할 때 자금_** 300만 원
- **출국일 · 입국일_** 2010. 6. 12 ~ 2011. 1. 6
- **체류 지역_** 시드니
- **어학연수 기간_** General English 연계연수(필리핀 3개월 + 호주 2개월) 5개월
- **일했던 직종_** 퓨전 레스토랑
- **여행 장소_** 시드니

1. 나는 지금까지도 영어를 잘하지 못한다 필리핀 어학연수를 마치고 충분히 의사소통이 되는 상태에서 호주로 떠났다. 필리핀에서 영어를 사용할 때 불편함이 없어서 자신만만한 상태였다. 그런데 호주행 비행기에서 내리자마자 입국 심사에서부터 귀머거리와 벙어리가 되었다. 처음에는 적응을 하지 못해서라고 생각했다. 그런데 호주에서 좀 더 생활을 해보고 나서 그동안 필리핀에서부터 해왔던 공부가 잘못되었던 것을 깨달았다.

호주에서 겪었던 일 중에 영어로 인한 실수 에피소드가 몇 가지 있는데, 그중 하나는 구직 담당자와의 통화 에피소드다. 상대방은 이렇게 물었다.

"두 유 해브 퍼스트 아이디?"

'첫 번째 증명할 것? 여권을 말하는 건가?' 그래서 있다고 대답을 했다. 하지만 알고 보니 first aid라고 응급처치 자격증을 말하는 것

이었다.

또 다른 에피소드는 친구와 대화하는 중에 일어났다. 친구에게 방금 말했던 해변에 가 본 적 있다고 말하려고 했다.

"아이 해브 빈 투 더 비치."

친구는 내 말을 듣고 당황하는 표정이었다. 알고 보니 비치의 beach와 bitch가 있는데 그 차이를 알지 못했던 나는 본의 아니게 욕을 쓰게 됐다.

나에게 호주는 어떤 것이 영어인지 알게 해주는 나라였고, 아직도 많이 부족함을 깨우쳐준 나라다.

2. 작아진 마음 연계연수로 필리핀에서 공부하고 호주로 워킹홀리데이를 가게 되면, 나보다 먼저 호주에 간 사람들의 이야기들의 이야기를 들을 수 있다. 그들이 겪은 일들, 부당한 대우들을 간접적으로 체험했다. '길을 걸어가고 있는데 시민들이 괜히 시비를 건다', '난쟁이 취급을 받는다', '너희는 청소부다' 등의 이야기로 호주에 가기 전부터 잔뜩 긴장해 있었다.

호주에 가면 힘들 것이라는 이야기를 들어서 그런지 모든 것이 차별하는 것처럼 보였다. 입국 심사하는 곳에서 처음 차별을 느꼈다. 입국 신고 시, 지금 사는 곳 주소를 정확히 몰라서 호주의 main street인 George street을 적었다. 그러자 의심의 눈빛으로 나에게 취조하듯이 묻는 것이 아닌가.

'옆에 백인들은 잘 통과시켜주면서 왜 우리한테만 이러는 거지?'

'왜 나를 범죄자 취급하는 거야?'

한동안은 정말 우습게도 내가 다른 사람과 나를 비교하고 있었다.

"이 백인들 별로 잘난 것도 없는데 왜 우리를 무시해?"

"별것도 아닌 것들이……."

"나보다 키 작은 사람도 많은데 왜 이렇게 우리를 무시하는 거야?"

항상 나 혼자 열등감에 빠져 있었다. 하지만 정작 그 누구도 나를 차별하지 않았다.

호주에 도착한 뒤 2주 뒤에 있던 일이다. 도서관에 입장하던 중이었다. 자신의 책을 도서관 안으로 가져가기 위해서는 간단한 양식을 작성하고 시큐리티에게 확인받아야 한다. 그 날은 입장하려는데 시큐리티가 자신의 다른 용무를 보고 있어서 잠시 기다리게 됐다. 내 옆의 여자 외국인도 도서관에 들어가기 위해 같이 기다리고 있었다. 시큐리티의 용무가 끝나고 누구 차례냐고 물어봤다. 나는 상대에게 의사를 묻지도 않고 먼저 치고 앞으로 나왔다. 상대가 숙녀이기에 한국이었더라면 5초 조금 늦게 들어가고 상대방에게 양보를 충분히 할 수 있는 상황이었는데 말이다. 그러더니 시큐리티가 따끔하게 나한테 한마디 했다. 레이디 퍼스트 아니냐고……. 그때 내가 지금 얼마나 한심했는지 얼굴이 빨개졌다. 단 5초의 여유도 없이 단지 외국인에게는 아무것도 양보하기 싫다는 생각에 그동안 내가 너무 인색했던 것은 아니었나 싶어 자신이 너무 한심하게 느껴졌다.

그러면서 내가 들었던 차별대우 등을 혼자 고민하기 시작했다. 그리고 이런 생각까지 미치게 됐다. 차별은 있다. 영어를 잘하는 사람과 그렇지 못한 사람은 차별을 한다. 그런데 그건 어쩌면 너무나 당연한 사실인 것 같다. 말이 안 통하는 사람과 누가 대화를 하고 싶겠는가.. 말이 안 통하는 사람을 어떻게 고용 하겠는가? 그런 것들을 겪고 자신들이 차별을 당했다고 하며 나는 호주에서 패배한 사람들의 변명들을 진리로 믿고 있었다.

그리고 다시 나만의 시각으로 다시 호주를 바라 봤다.

3. 선생님에서 친구로 필리핀으로 떠나기 3주 전부터는 미리 영어를 접하기 위해서 학원에서 운영하는 영어예배에 참석했다. 매주 금요일 7시부터 9시까지 2시간가량 진행되며, 1시간은 예배를 드리고 남은 1시간은 예배를 드리면서 배운 것에 관해 토의는 하는 순서였다. 그때 처음 만난 CHAD라는 미국 선교사가 있다. 그때는 내가 말을 잘할 수 없었지만 나의 말에 귀 기울여 주고 격려를 아낌없이 준 선교사라 잊지 못하고 있었다.

한국에는 목요일 6시에 귀국했는데, 오자마자 8시에 영어학원 인터뷰를 치르고 다음 날인 금요일부터 학원에 다니기 시작했다. 그리고 그날 저녁, 8개월 전에 내 말을 잘 들어준 CHAD가 있었다. 너무나 감사하게도 나를 잊지 않고 기억해줬다. 그리고 이번에는 일방적인 얘기가 아니었다. 내가 호주에서 있었던 일, 그리고 내가 오늘 예배드리면서 느꼈던 내용들을 10분간 혼자 떠들고 있었다.

"Good Job!"

CHAD는 격려를 아끼지 않았다. 그리고 다른 외국인 선생님들과도 이야기를 나눴다. 이제 그들은 나에게 선생님보다는 친구가 되었다. 우리나라는 나이가 중요하지만 외국인들 사이에서는 그렇지 않다. 이제는 내 고민을 털어놓고 또 고민을 들을 수 있는 친구가 되었다.

4. 나는 영어가 절실했다 나는 영어를 잘해야만 했다. 한국을 떠나기 전에 큰 사고가 있어 무릎 양쪽을 수술받았다. 그래서 몸 쓰는 일을 할 수 없었다. 다른 젊은이들처럼 호주에서 농장일을 할 수도 없었다. 호주에서 생활하기 위해서는 영어를 잘해야만 했다. 영어란, 내가 먹고살기 위한 수단이었다.

필리핀에서는 1:1 수업과 1:4, 1:8 그룹수업이 있었다. 수업을 듣기 전에 항상 고민했다.

'1:1 수업은 최고의 교육 환경인데, 어떻게 해야 이 시간을 훌륭히 쓸 수 있을까?'

'어떻게 해야 필리핀에서 하는 모든 수업을 하나도 잃어버리지 않고 습득할 수 있을까?

가장 훌륭한 수업은 교사가 잘 가르치는 수업이 아니다. 학생이 배운 내용을 다 이해하고 머릿속에 남기는 수업이다. 1:1 수업의 경

우 특정한 커리큘럼이 없기에 그 수업을 담당하는 모든 튜터에게 요구했다. 예습 · 복습을 할 수 있는 환경을 만들기 위해서 수업을 시작하기 이전에 정확히 할 분량 등을 정해달라고 했다. 그리고 한 번도 거르지 않고 예습을 했다. 예습할 때 충분히 공부하고, 수업시간에는 소리 내어 말로 외웠다. 그리고 복습으로 잊어버리지 않게 되뇌었다. 토요일은 쉬었지만 일요일은 그 주에 배웠던 것을 전체 복습했다. 이렇게 열심히 공부한 결과 어휘와 문법, 쓰기 능력이 몰라볼 정도로 향상되었다. 자주 쓰는 문장들이 늘어나고 입에 익어가자 점점 막힘없이 말할 수 있게 되었다. 그리고 내 공부법에 확신이 생겼다.

말을 잘하는 것이 중요하다고 생각했다. 그런데 정작 호주에 도착하고 보니, 내가 하는 말과 상대가 하는 말의 소통이 원활하지 못했다. 내가 살아야 할 곳은 호주인데 이런 상태로는 한인 가게에서만 일할 수 있었다. 그렇다면 내 모든 계획이 물거품이 되는 것이었다. 어떻게든 방법을 찾아야 했다.

호주 영어 선생님에게 물었다. 어떻게 공부를 해야 하느냐고. 대단한 것을 기대했지만 선생님의 대답은 단순했다. 받아쓰기(Dictation)하라는 것이었다. 처음에는 누구나 알고 있는 방법 말고 색다른 방법을 찾기 마련이다. 하지만 선생님이 추천해 준 단순한 방법대로 공부를 하기 시작했다. 그리고 느꼈다. 이 공부 방법이 정말 훌륭한 공부 방법이라는 것을. 내가 말하는 단어와 실제 외국인이 말하는 모든 단어가 달랐다. 모국어가 영어인 사람과 나의 차이점이라는 사실을 깨달았다. 그래서 발음 공부와 받아쓰기 공부를 시작했다.

점차 실력이 늘어난 나는 호주 사람이 경영하는 가게에서 일하게 되었고, 한국에서부터 목표로 했던 모든 것을 다 이뤘다. 외국인들과 함께 살고, 외국인 친구를 사귀고, 돈도 벌 수 있어서 뿌듯했다.

하루하루 시간은 굉장히 소중하다. 많이 배우는 것이 중요한 것이 아니다. 오늘 배운 내용을 절대로 잊지 않는 것이 더 중요하다. 멀리 봐야 한다. 1주일 동안 많이 아는 것보다 3달 뒤에도 여전히 기억하는 것이 중요하다. 시간을 잘 활용하길 바란다.

5. 받아들일 줄 아는 나라, 호주 "12월은 겨울이다."

이건 틀렸다. 호주는 크리스마스가 여름이다. 산타가 수상스키를 타며 노를 젓는 곳이다. 호주에서 크리스마스는 굉장히 큰 명절이다. 크리스마스와 연관된 행사가 크리스마스 한 달 전부터 시작된다. 축제 분위기가 무르익고 절정에 이른 크리스마스 당일, 우리는 친구들과 같이 시드니에서 가장 좋다는 본다이 비치(Bondi Beach)에 갔다. 우리 일행 중 길거리 공연을 하는 형이 있어서 스피커를 들고 해변을 향해 떠났다. 그런데 독일 친구와 캐나다 친구가 train을 기다리는데 스피커를 내려놨다.

"George, Do you have carol in your phone?"

"Yes, Why?"

"Give me the phone."

내 핸드폰을 그에게 건네줬고, 기차역에서는 캐럴이 울려 퍼졌다. 이 상황은 충분히 주변의 시선을 찌푸릴만한 행동이었다. 나는 '공공장소에서 이러면 안 되는데……' 하는 생각에 말리고 싶었다. 캐나다 친구가 주변에 있던 할머니께 여쭤봤다.

"Do you mind listening this music?"

할머니는 말씀하셨다.

"Never mind, keep going."

걱정과 다르게 호주 사람들은 개방적이었다. 해변에서는 우리가 주인공이었다. 우리가 틀어 놓은 스피커에 사람들이 모여서 춤을 추기도 했고 노래를 들으며 suntan을 즐겼다. 사람들은 다른 사람의 행동에 대해 거부감이 아닌 친구로 받아들여 주었다.

6. 입과 귀는 쉬고 있었다 "Can I see a manager?"

이력서를 들고 다니며 300번 정도 구직을 한 끝에 호주인 소유의 가게에서 일할 수 있었다. 시간대도 굉장히 만족스러웠다. 오전 9시부터 오후 5시까지였고 집에서도 걸어서 15분이면 출근이 가능한 거리였다. 외국인 셰어와 외국인 소유의 가게에서 일을 구했으니 항상 영어만 쓸 수 있는 상황에 나름 뿌듯하기도 했다.

하지만 실상은 달랐다. 레스토랑 주방은 굉장히 바빠서 영어를 할

시간은 없었다. 내가 하는 말은 고작 간단한 몇 마디뿐이었다.

"I will."

"I am doing."

"I did."

나에게 하는 말도 "water, plate, clean" 정도가 전부였다. 비록 주방장들끼리 요리하면서 말하는 소리로 공부를 할 수 있었지만 내가 생각한 것과는 거리가 멀었다. 이렇게 6개월을 일한다면 경력은 쌓일지 몰라도 영어실력은 늘지 않을 것 같았다. 바쁘지 않을 때는 주방 청소를 시켰는데, 나는 무릎이 좋지 않아서 싱크대나 벽의 아랫부분을 닦을 때 통증이 상당했다. 그래서 속도를 못 내자, 왜 그렇게 청소를 못하냐며 닦달했다.

"I had got operation on my knee 8 months ago."

어쩔 수 없이 수술 사실을 말하고 양해를 구했다. 그런데 그때는 알겠다고 해놓고, 이후에도 계속 이 일을 시켰다. 이렇게 심한 청소를 한 다음 날은 무릎이 부어서 일을 쉬어야 했다.

영어실력이 일정 수준에 도달하지 않으면 어디서 일하든 영어를 사용하는 정도는 똑같다. '최소한 웨이터 정도의 일을 하기 위해선 어떻게 해야 할까' 고민을 하며 길을 지나가고 있었다. 그때 초등학생들이 하는 대화를 들었다. 초등학생들의 영어가 굉장히 유창하다고 느꼈다. 그 아이들의 가방에 학교 이름과 학년이 적혀 있었다. 2학년이었다. 초등학교 4학년 정도의 수준은 되어야 웨이터처럼 사람을 상대하는 일을 할 수 있다고 생각했다.

7. '진짜 영어'를 공부해라 영어를 학습하는 데 필리핀만큼 효과적이고 저렴한 곳은 없다. 필리핀에서 공부하고 호주로 떠나는 학습방법을 추천한다. 많은 사람들이 걱정하는 발음 문제는 자신의 노력에 달려 있다. 호주에서 통하는 영어를 연습하지 않으면, 본인은 영어를 말하지만 외국인은 내가 한국말을 하는 것으로 받아들인다. 필리핀에서 수업을 들을 때도 하나하나 제대로 된 발음으로 1번 연습하는 것이 엉터리로 발음하는 1만 번의 연습보다 낫다. 정확하게 알고 정확하게 발음해야 한다. 호주에서 하는 공부는 필리핀처럼 효과적이지 못하다. 필리핀에서 마음껏 많은 양의 공부를 해라. 호주는 그룹수업 위주로 진행되므로 다듬는다는 생각으로 가는 것이 좋다. 호주에서 영어를 배울 수 없다는 것이 아니다. 호주에서 영어를 써보아야 '어떻게 하는 영어가 옳은 영어인지' 피부로 와 닿는다.

- **이름_** 유광옥
- **출국할 때 자금_** 300만 원
- **출국일 · 입국일_** 2010. 3. 8 ~ 2011. 12.
- **체류 지역_** 시드니, 멜버른, 케언즈
- **일했던 직종_** 이삿짐센터, 트럭 운전, 스시 레스토랑
- **여행 경로_** 시드니, 멜버른, 케언즈, 뉴질랜드

1. 변화의 기회 매년 4만 명 이상의 워홀러들이 각자의 목적을 가지고 호주로 향하고 있다. 영어공부, 여행, 돈, 경험 등 많은 목적이 있겠지만 나의 경우는 타지에서 나 스스로 생활할 수 있는 자립심과 그 안에서의 모든 경험을 몸소 체험하고 느끼기 위해 호주를 가게 되었다.

아침에 일어나는 것부터 시작해서 저녁에 잠이 들 때까지 모든 일들을 혼자 해결해야 하기 때문에 한국에서의 생활과는 반드시 달라져야만 했다. 직접 장을 보고, 서툰 솜씨로 요리도 해보고, 영어공부, 일, 여행 등 호주생활 동안의 계획들을 세우고 그것을 실천하기 위해 하루하루 열심을 다해 바쁘게 지냈다.

특히 호주는 직업에 귀천이 없어서 무슨 일을 하던지 관계없이 자신의 직업에 대한 만족도가 굉장히 높다. 그러다 보니 호주에 처음 갔을 초반에 이삿짐센터, 컨테이너 정리, 건축 철거, 오피스 청소 등 고된 노동을 하면서도 그만큼의 대우를 받고, 인정을 받으면서 나

역시도 직업에 대해 자부심을 갖게 되었다.

직업뿐만 아니라 일상생활에서도 다른 사람들의 이목에 너무 민감하게 신경 쓰거나, 남들과 비교하지 않고, 온전히 나의 행복을 위해, 그리고 내 목표를 위해 노력하다 보니 진정한 자유와 행복을 느끼게 되었다. 이것이 호주생활을 통한 가장 큰 변화이고 소득인 것 같다.

2. 자연이 주는 행복 을 배우다 호주는 남한 면적의 78배의 영토에 남한 인구의 절반도 안 되는 2,000만 명이 살고 있다. 대도시를 조금만 벗어나도 끝이 안 보이는 넓은 초원이 펼쳐지고, 온통 캥거루와 양, 소들만 있다. 오히려 자동차와 사람 보기가 힘들 정도다. 넓은 초원에서 한가로이 쉬고 있는 동물들을 보고 있노라면 금세 마음이 평온해졌다. 그러다 보니 사람들도 항상 삶에 여유가 넘친다. 내가 만났던 대부분의 호주 사람들은 어떠한 물질적인 즐거움보다는 개인적인 삶의 즐거움을 더 중요하게 여겼다. 개인적으로 그들의 자유로운 가치관 역시 광활한 자연에서 비롯되지 않았나 생각한다. 가족과 함께 많은 시간을 보내고, 다양한 스포츠를 즐기며, 파티가 일상생활인 그들을 보면서 진정으로 놀 줄 알고, 쉴 줄 아는 사람들이라고 생각했다.

호주에는 가는 곳마다 수없이 많은 공원이 조성되어 있다. 그리고 많은 사람들이 따스한 햇볕 아래 배를 깔고 책을 보거나 잠을 청하며 여유를 즐긴다. 동네마다 잔디운동장이 있고 잘 관리되고 있으며 그곳에서 어린아이부터 어른들까지 운동을 한다. 그리고 같은 시기임에도 불구하고 아래지역(남부)에서는 스키를 타고, 윗지역(중부, 북부)에서는 해수욕을 즐기는 등 어떻게 보면 정말 소소한 것들이지만 그것을 누리고 있는 그들이 너무 부러웠다. 그래서 나 역시도 시간이 있을 때마다 자연을 찾아다니며 특별히 무엇을 하지 않더라도 그저 바라만 보고 호흡하는 것만으로도 행복을 느끼게 되었다.

3. 자신감이 생기다 1년 동안의 타지 생활이 성격적으로나 생활면에서 많은 변화를 가져다주었다. 호주에서는 friendly를 굉장히 중요하게 생각한다. 그래서 일을 할 때 빠르고, 열심히 하는 것도 필요하지만, 그에 못지않게 고객과의 소통과 관계맺음도 중요하게 생각한다. 그래서 레스토랑에서 매니저로 근무하는 친구는 면접관으로서 사람을 뽑을 때 조금은 수다스럽거나 행동이 큰 친구들을 선호한다고 한다. 처음 호주에 갔을 때는 말을 하고자 하는 문장의 문법, 어순은 정확한 지 신중하게 생각하고 말을 했다. 그러다 보니 대화가 자연스럽지도 못했고, 자꾸 막히다 보니 자신감을 잃어갔다. 하지만 외국인처럼 영어구사를 못하는 것이 당연하다는 나름대로의 위안을 갖고 쉬운 단어를 구사하거나 혹은 뒤죽박죽이더라도 최대한 자신감을 갖고 표현하기 위해서 노력했다. 긍정적이고 적극적인 마인드를 가지고 외국인 친구들도 만나고 일을 하다 보니 그들의 문화도

금방 적응할 수 있었고, 영어도 빠른 시간에 많이 발전하게 되었다.

4. 영어공부는 어떻게? 내가 머물던 시드니에는 영어학원이 정말 많았다. 그 종류도 일반영어반, 회화반, IELTS반 등 선택의 폭이 다양했다. 학원에 등록하면 테스트를 보고 각 반으로 배정된다. 세계 각지에서 모이니 브라질, 칠레, 독일, 프랑스, 일본, 태국, 중국사람 등 미국사람 빼고는 학원에서 전 세계 사람들을 다 만나볼 수 있다.

어느 학원이든 상위권 반은 많은 한국 학생들이 포진해 있다. 그 이유는 초 · 중 · 고를 거치며 많은 시간 동안 영어를 보고, 접했기 때문에 문법과 독해에 있어서는 어느 나라보다도 기본기가 탄탄해서 타국 친구들에 비해 시험 점수가 높게 나오기 때문이다. 하지만 정작 호주에서 살아가기 위해서는 듣고 말하는 영어를 구사해야 한다. 따라서 회화 위주의 영어를 추천하고 싶다. 영어가 다 들리고, 독해도 가능하지만 정작 말하는 훈련이 되지 않아 물건을 구입하거나 음식을 주문하는 것조차 힘들어하고, 두려워하는 친구들을 많이 보았다.

따라서 회화전문 학원에 다니는 것도 좋은 방법이고 직장동료, 룸메이트, 홈스테이 등을 통해 만난 현지 사람들과 많은 시간 함께 하는 것이 가장 좋은 방법이라고 생각한다. 특히 나의 경우엔 집주인이었던 호주친구와 사소한 문화 차이로 자주 다투면서 자연스레 외국인에 대한 어려움이나 부담감이 없어졌던 것 같다. 이처럼 어법이나 단어가 완벽하게 맞는가는 다음 문제이고 일단 외국인을 대하고 이야기하는 것에 대한 두려움을 극복하는 것이 우선이라고 생각한다. 그래야 일자리를 구하기도 수월하고, 일을 수행할 때에도 큰 어려움 없으리라 생각된다.

5. 여행하기 시드니와 시드니 근교, 멜버른, 케언즈를 여행하였다. 시드니와 멜버른은 전철과 버스 등의 교통수단이 잘 구축되어 있어서 관광 명소와 쇼핑 중심가, 미술관, 박물관 등으로의 이동이 편리하다. 교통수단이 닿지 않는 근교는 여행사를 통한 단체관광을 이용하면 값싸고 편리하게 다녀올 수 있다. 시드니와 멜버른 시내 중심가에는 많은 한국인 여행사가 있어서 영어에 대한 부담을 덜 수 있다. 최고의 여행지 중 한 곳인 멜버른의 '그레이트 오션 로드'는 당일치기에서 1박 2일까지 다양한 여행사 상품이 있다. 나는 차를 렌트하여 왕복 2박 3일 일정으로 근처의 관광명소 10여 군데를 여유

있게 돌아봤다. 많은 사람들이 그레이트 오션 로드로 가는 도로가 위험해서 자가운전을 꺼린다는 얘기를 했는데, 가드레일도 잘 되어 있고, 도로 폭이 눈에 띄게 줄어드는 정도는 아니어서 운전하는 데 크게 힘든 것을 느끼지 못했다. 그레이트 오션 로드를 가다 보면, 왼편으로는 예수님의 열두 제자로 부르는 12사도와 기암절벽, 에메랄드빛 바다가 보이고 오른편으로는 수없이 많은 양들이 뛰어노는 끝없는 초원을 만난다. 시간에 얽매이지 않고 조금 더 여유 있고 탄력적인 여행을 원한다면 자가운전을 추천하고 싶다.

케언즈는 레포츠의 천국답게 스카이다이빙, 숲 속에서의 번지점프 스노클링, 스쿠버 다이빙 등 놀 거리들로 넘쳐난다. 하지만 케언즈는 전철이 없고 버스만 운행하고 있는데 이 역시도 배차간격이 대부분이 30분~1시간이어서 이동하는 데 있어 제한도 많고 시간도 오래 걸리는 편이다. 따라서 버스이용 시 미리 운행시간을 체크해두어야 한다. 케언즈는 관광도시이다 보니 대부분의 시내 상점은 여행

사, 기념품매장, 레스토랑으로 되어 있다. 케언즈 시내에도 한국 여행사가 3곳 정도 있으니 부담이 없다.

6. 일자리 구하기 호주 내 교민 사이트(www.hojunara.com외 다수)를 통해 일자리를 구하는 것이 가장 쉽게 접근할 수 있는 방법이다. 하루에도 수십, 수백 건의 구인 · 구직 글이 업데이트되기 때문에 자주 체크를 하여 이력서를 제출 후 면접을 보는 방식이다. 하지만 Aussie Job을 구하기 위해서는 호주 현지 구인 · 구직 사이트나(www.gumtree.com.au 또는 www.seek.com.au) 레스토랑, 샵에 붙어있는 모집광고를 보고 이력서를 제출하면 된다. 보통은 영어에 의해서 직업의 종류와 환경이 결정되기 때문에 영어를 말하고 듣는데 있어서 자신이 없고 실력이 부족하다면 선 공부, 후 노동을 추천하고 싶다. 쉬운 문장을 사용할지라도 의사소통이 가능하다면 조금 더 많이 영어를 쓸 수 있는 직업군과 지역에서 일을 구하는 데 정말 큰 도움이 된다.

시드니 근교의 작은 레스토랑에서 일을 할 때 지역 특성상 거의 모든 손님이 동네 주민들이어서 단골손님들이 꽤나 많았다. 따라서 두, 세 번 정도 얼굴을 익히고 주문을 받다 보니 점차 손님 개개인의 식성과 취향을 파악하게 되었다. 그래서 내가 먼저 말을 건네고, 그 사람의 식성에 더 잘 맞게끔 조리하는 등 작은 부분에서 신경을 써줬더니 너무 고마워하며 어느 순간부터 나를 친구로 대하게 되었다.

꼭 음식을 먹기 위해 오는 것이 아니더라도 지나가다가 들려서 안부를 묻고, 빵이나 커피를 건네주고, 일이 끝난 후 맥주도 같이 마시면서 그들의 친구들을 소개해 주기도 했다. 한국에서 친구라고 하면 같은 또래를 생각하기 쉽지만 호주에서는 연령에 상관없이 누구와도 친구가 될 수 있다. 나의 경우에도 일하면서 알게 된 친구들, 룸메이트, 홈스테이 가족들 등 십 대 고등학생부터 일흔 살까지 참 다양한 친구들을 만나게 되었고, 서로를 존중하고 공감하며 새로운 경험과 추억을 만들 수 있었다.

7. 이것만은 알아둬! 누구나 자신의 목적과 목표를 가지고 호주생활을 시작한다. 그것이 돈이 될 수도 있고, 여행, 영어, 변화의 기회가 될 수도 있다. 호주는 누구에게나 기회가 열려있다. 하지만 누구나 기회를 잡고 목표를 이룰 수 있는 것은 아니다. 준비된 소수만이 성공적인 워킹홀리데이를 누릴 수 있다. 그러기 위해서는 기본적으로 영어회화가 되어야 한다. 호주 워홀을 준비한다면 문법이나 단어 위주의 공부보다는 미국 드라마 또는 외국영화를 보면서 귀를 열고, 말하는 연습을 꾸준하게 해야 한다. 그래야 호주에서의 일이나 여행 등 모든 생활면에서 더 큰 보람과 만족을 느낄 수 있고, 이루고자 하는 목표를 이룰 수 있다.

전문가의 조언을 듣는다

필리핀 유학원 박소연 과장과의 문답

Q. 필리핀-호주 연계연수의 필요성은 무엇인가요?

A. 호주에서 장기연수를 계획하시는 분들은 필리핀연수가 필수는 아니지만, 최근 들어 대부분의 학생들이 워킹홀리데이로 호주로 입국을 하고 있고, 그러다 보니 연수 기간이 짧은 경우가 많습니다. 따라서 호주에서 연수를 바로 시작하셔도 되지만, 호주 적응 기간과 높은 연수비용을 줄이기 위해서는 저렴하고 실속 있는 필리핀에서 기본적인 영어실력을 쌓은 후에 호주로 가시는 것이 좋습니다.

Q. 필리핀-호주 연계연수 비용은 대략 얼마 정도 하나요?

A. 필리핀은 수업료와 기숙사비용을 포함해 월 약 110만 원 선이며, 호주는 수업료는 월 약 100만 원 선, 생활비는 방세와 용돈을 합쳐 월 약 80~100만 원 선입니다. 기간이 길어질수록 학교에서 제공하는 할인이 있으니 이 점 참고해서 대략적인 금액을 예상하시면 되겠습니다. 특히 필리핀의 경우 비자 관련 비용이 추가될 예정이니, 정확한 비용은 별도 문의하시기 바랍니다.

Q. 필리핀 수업에 대해서 간략하게 알려 주실 수 있나요?

A. 필리핀은 선생님과 학생의 비율이 1:2 or 1:3으로 구성이 되어 있어 1:1 수업의 비중이 높아 맞춤형 수업진행이 가능합니다. 단기간에 Speaking 실력을 높일 수 있는 이유도 이 때문입니다. 그 외 단체수업으로는 1:4, 1:8 비

율로 제공되며 보통 단체수업은 외국인 선생님인 경우가 많습니다. 1일 수업일정은 오전 7~8시부터 오후 6~8시까지 진행되는 경우가 많으며 대부분의 학생들이 기숙사 생활을 하고 있습니다.

Q. 호주 수업에 대해서 간략하게 알려주실 수 있나요?

A. 호주는 레벨별로 학급이 나뉘며 한 반 학생 수는 12~16명 정도입니다. 단체수업으로 담임 선생님은 가급적 학생 모두에게 균등하게 발언 기회를 주면서 수업을 진행하고 있습니다. 1일 수업일정은 오전 8~9시부터 오후 2~3시까지 진행이 되며 요일별로 선생님과 함께하는 방과 후 Self-study 또는 엑티비티에 참여할 수 있습니다.

Q. 필리핀-호주 연계연수의 단점이라면 어떤 것들이 있을까요?

A. 필리핀학교는 학생이 학업에만 집중할 수 있도록 청소, 식사, 빨래를 모두 제공하고 있습니다. 이러한 생활에 익숙해지다 보면 모든 것을 스스로 해결해야 하는 호주에서 많은 어려움을 겪게 됩니다. 하지만 필리핀에서도 자립심을 잃지 않고 생활한다면 호주에서 큰 문제는 없습니다. 다음으로 필리핀은 미국식 영어, 호주는 영국식 영어에 근간을 두다 보니 영국식 영어에서 파생된 호주영어에 적응하기까지 일정 시간이 소요됩니다. 하지만 필리핀에서 학습한 기간이 6개월 미만이라면 혼란은 없다고 보시면 됩니다.

Q. 필리핀-호주 연계연수를 위해 비자는 어떻게 준비를 해야 하나요?

A. 필리핀은 최대로 신청 가능한 비자 기간이 59일입니다. 따라서 2개월 연수를 계획하시는 분들은 한국에서 59일 비자를 발급받으시고, 그 이상 연수를 계획하시는 분들은 먼저 59일 비자를 받고 출국한 후 현지에서 학교의 도움으로 30일씩 비자 연장이 가능합니다. 비자 연장은 1회마다 약 13만 원의 비용이 발생합니다.

다음으로 호주는 대부분의 학생들이 1

년 동안 체류가 가능한 워킹홀리데이 비자를 발급받고 있지만, 그 외 3개월 동안 체류가 가능한 관광비자가 있으며, 학교 등록 기간과 동일하게 체류가 가능한 학생비자도 신청이 가능합니다.

Q. 필리핀 SSP는 무엇인가요?

A. SSP는 Special Study Permit을 뜻하며 관광객으로 입국한 사람이 학업을 하기 위해 등록하고 지불해야 하는 비용입니다. SSP는 한 학교에서 6개월 동안 학업을 할 수 있으며 다른 학교로 이동할 경우 해당 학교의 SSP를 다시 지불해주셔야 합니다. 학교마다 또는 지역마다 페소 or 미화로 각기 다르게 징수하므로 정확한 비용은 학교 선택 시 확인할 수 있습니다. 참고로 2010년부터 8주 이상 체류하는 이들에게 ICARD를 추가적으로 등록, 지불하도록 하고 있습니다. SSP와 ICARD의 비용은 약 28만 원 선입니다.

Q. 필리핀-호주 연계연수 시 항공권은 어떻게 준비를 해야 하나요?

A. 연계연수를 위해서는 다구간 항공권을 준비해야 합니다. 인천 or 부산에서 출발해 필리핀에 도착한 후 희망하는 기간 동안 연수를 하고 호주로 이동할 수 있는 여정이 한 번에 예약, 발권이 가능한 항공권이 바로 그것입니다. 단, 기존에 결정한 호주 이동 날짜를 변경할 때에는 항공사마다 변경수수료가 발생함을 참고하시기 바랍니다.

Q. 필리핀-호주 연계연수 시 어떤 유형의 숙소에서 지내게 되나요?

A. 필리핀은 학교에서 운영하는 기숙사에서 생활하게 되며, 규정상 의무가 아니라면 개인의 요청에 의해 외부 일반 주택에서도 생활이 가능합니다. 호주는 학교에서 알선하는 기숙사나 홈스테이, 일반 셰어하우스, 여행자 숙소가 있으며 그중 일반 셰어하우스가 일반적입니다. 참고로 공항 픽업과 셰어하우스 알선을 도와주는 유학원에 수속을 의뢰하게 되면 학교에 지불해야 하는 수수료를 절감할 수 있습니다.

Q. 필리핀의 보안이나 치안상태는 어떤가요?

A. 필리핀이 선진국이 아니다 보니 많은 분들이 필리핀연수 결정 전에 이 부분을 염려하십니다. 학생들이 생활하는 강의실과 기숙사는 대부분이 일체형이라 학교 내에 있는 동안은 24시간 보안요원에 의해 보호를 받게 됩니다. 외부에서 또한 모든 레스토랑, 카페, 마트, 백화점들이 입구에 보안요원을 배치하고 있고 입장하는 모든 사람들의 소지품 검사를 실시하고 있으므로 안전합니다. 늦은 시간에 움직이는 부분에 대해서 걱정하신다면, 그건 필리핀뿐만 아니라 한국, 세계 어디에서도 위험하다고 말씀드리고 싶습니다.

호주에 관해 궁금한 열일곱 가지

1

Q. 호주 비자의 종류는?

A. 워킹홀리데이 비자, 학생비자, 관광비자, 학생가디언 비자가 있다.

- 워킹홀리데이 비자
  노동력이 부족한 나라에서 외국의 젊은이들에게 1년 동안 특별 비자를 발급하여 입국을 허락하고 취업자격을 주는 제도이다.

- 학생가디언 비자
  학생비자 신청자의 친척에게 주며, 일할 수 없고 3개월 이상 학업할 수 없다.

2

Q. 워킹홀리데이 비자의 특성은?

A. 만 18세에서 30세까지 자녀가 없는 경우에 신청할 수 있다. 평생 한 번만 발급된다.

- 합법적으로 노동권을 보장받으며 현지에서 일할 수 있다.
- 비자 발급 이후 1년 이내에 출국해야 한다.
- 체류기간은 호주 입국일로부터 12개월 이내이다.
- 한국인은 한국에서만 신청할 수 있다.

3

Q. 호주 입국 후부터 1년 동안 한국을 자유롭게 입출국할 수 있는가?

A. 비자 유효기간에 입출국이 자유로운 복수비자(Multiple Travels)이다. 비자 발급일로부터 1년 안에 입국해야 한다. 입국 후 1년 동안은 한국이나 기타 국가로 자유롭게 입출국할 수 있으며 그

기간을 포함해서 1년 동안 유효하다.

4

Q. 농장에서 3개월 일하면 비자가 1년 연장되는가?

A. 세컨드 워킹홀리데이 비자가 그렇다.

- 정부에서 지정한 농장에서 3개월 이상 일한 증거를 첨부하면 1년 더 체류할 수 있다.
- 한 고용주 밑에서 최장 6개월까지 일할 수 있다.
- 체류기간 중 한 학교에서 4개월(17주)까지만 어학연수를 할 수 있다(복수학교 가능).

5

Q. 비자 신청비용은 얼마나 드는가?

A.

- 비자 신청비용은 A$185(약 14만 원)이다. 비자 신청할 때 호주 이민성 홈페이지에서 신용카드로 결제한다.
- 신체검사할 때 병원에 지불한다. 15만 원(어학연수 등록할 경우), 5만 원(어학연수 등록하지 않을 경우)

6

Q. 현지에서 워홀비자를 학생비자로 전환할 수 있나?

A. 학생비자로 전환할 수 없다.

7

Q. 비자 심사기간은?

A. 보통 신체검사를 받고 난 뒤 2~4주 만에 결과를 받게 된다. 간혹 늦는 일이 생기므로 예상 출국 시간보다 여유 있게 비자를 신청하는 것이 좋다. 비자를 받더라도 바로 출국할 필요는 없으며, 승인일 1년 이내에만 출국하면 된다.

- 추가 서류 제출을 요청받는 경우: 위 기간에서 2~4주 정도 더 걸릴 수 있다.
- 신체검사에서 문제가 있어 재검을 요청받는 경우

❶ 재검 종류에 따라 차이가 있다.
❷ X-Ray에서 결핵이나 늑막염이 의심되는 경우 약 8주의 객담 배양검사 후 결과를 호주로 보내므로 3개월에서 6개월까지 걸릴 수 있다.

8

Q. 초기 비용은 얼마나 드나?

A. 학비와 초기 생활비를 포함해서 500만 원쯤 필요하다(항공료 별도). 어학연수를 받지 않아도 최소 200만 원 정도 필요하다(항공료 별도). 어떻게 생활하느냐, 일을 얼마나 적극적으로 구하느냐 등에 따라 차이가 크다. 해외에서 신용카드가 있으면 신분증 대용이나 각종 렌트에 도움이 된다. 첫째 달에는 핸드폰, 집(4주 + 2주(보증금)), 쇼핑, 교통비, 음식비, 기타 등 100만 원은 기본으로 들어간다.

9

Q. 아플 때는 어떻게 하나?

A. 여행자보험은 신청 기간에 따라 보험 혜택을 받는다. 워킹홀리데이 비자 소지자는 대개 1년짜리 보험을 들고 떠난다. 1년짜리 보험은 상해와 질병만 보장받고 도난에 대한 보상은 없다. 일찍 귀국하는 경우 남은 기간은 환급 처리할 수 있다.

10

Q. 방은 어떻게 구하며, 어디서 사나?

A.

- 홈스테이: 호주인의 가정에서 생활하는 방식인데 좀 비싼 게 단점이다.
- 백패커스: 여행자들을 위한 호스텔로, 도착해서 체크인하면 된다.
- 렌트: 집을 직접 구하는 방법이다. 계약기간은 보통 6개월이다.
- 셰어: 룸메이트와 방을 나누어 쓰는 것이다.

(보통 호주에 도착해서 2~3일쯤 백패커스에서 지내면서 셰어를 찾는다.)

11

Q. 어떤 일을 하며 수입은 어느 정도인가?

A. 농장일, 식당의 웨이트리스, 쇼핑센터나 상점의 출납원(cashier), 기념품점이나 면세점 등에서 일한다. 기술에 따라 요리사나 도배공으로 일하거나 공사현장에서 일하기도 한다. 한인업소에서는 보통 식당일이나 청소에 A$7~12, 이삿짐센터에서는 A$14~15를 받는다(세금 불포함). 현지 호주업소에서는 더 많이 받을 수 있다. 영어를 잘하면 잘할수록 더 많이 받는다.

12

Q. 워킹홀리데이 세금 환급(TAX Return) 방법은?

A. 워킹홀리데이 비자 소지자도 일하면 소득에 대해 세금을 내야 한다.

세금은 통상 소득과 비자에 관계없이 일률적으로 17퍼센트를 납입해야 한다. 그 이상 공제한 세금은 환급받을 수 있다. 워킹홀리데이 비자 소지자는 소득에서 29퍼센트를 세금으로 공제하므로 납부 세금의 12퍼센트(29-17=12)를 환급받을 수 있다.

〔기간 중 소득이 A$20,000 발생했다면 이미 납부한 세액 A$5,800(29%) - 의무징수세액 A$3,400(17%) = A$2,400(환급 세액)〕

13

Q. 자격증을 따서 일할 수 있나?

A. TESOLTeaching for Children's Service 과정을 듣고 자격증을 딴다. 어린이 영어 선생님이 되기 위한 교육과정이다. 학교에서 제공하는 일자리 알선 프로그램도 있지만 신문이나 인터넷을 통해서 취직하는 경우도 있다. 여성은 베이비시터처럼 숙식까지 제공하는 경우도 있다. 간호보조사로 일하는 과정(Certificate 3 in Aged Care Work)을 3개월 수료하면 직업을 알선해준다. 학교마다 프로그램에 차이가 있으니 잘 확인해야 한다.

14

Q. 핸드폰 종류와 구입방법은?

A.

- 플랜(Plan): 2년 동안 사용 계약을 맺고 모바일 폰을 구입해 사용하는 방법이다. 매달 청구서 내역대로 사용 요금을 납부한다.
- 프리페이드(Pre-Paid): 계약기간이 없는 선불제 요금방식이다. 전화기 값과 기본요금이 포함된 패키지를 구매한다. 빨리 개통되고 미리 충전해둔 금액만큼 사용하므로 워킹홀리데이 학생이나 단기체류자들이 많이 사용한다. 통화당 요금이 계약제인 플랜보다 비싼 게 단점이다. 한국인은 대부분 프리페이드를 이용한다. 프리페이드끼리는 무료로 통화할 수 있다.

15

Q. 은행계좌 개설 방법은?

A. Commonwealth, ANZ, Westpac, National, St. George은행이 있다. 월~금은 보통 9:30~16:00, 금요일은 17:00에 폐점한다. 영어를 못 해도 은행계좌를 만든다고 하면 우리말로 번역해 서비스해주기도 한다. 은행 통장 없이 Key CardEFTPOS(한국의 직불카드)라는 것을 쓴다. 도장 대신 사인으로 거래한다. ATM에서 24시간 연중무휴로 현금을 입출금할 수 있다. ATM은 대개 사람들이 많이 붐비는 쇼핑센터 주위에서 찾을 수 있다.

16

Q. 군 미필자도 워킹홀리데이 비자신청이 가능한가?

A. 군 미필자도 병무청에서 국외여행 허가서를 받으면 가능하다. 온라인으로 신청 가능하며 필요한 서류는 팩스나 이메일로 보내면 된다. 군 미필자도 복수여권 발급이 가능해졌다. (문의 : 병무청)

17

Q. 출발 전 마음가짐은 어떻게 해야 하나?

A.

- 목표의식을 갖는다 : "내가 왜 가야 하는가?" "어디서, 어떻게, 무엇을, 왜 할 것인가?" "어떻게 시작할 것인가?" 이런 질의응답을 정리한다. 여행의 목적과 테마, 시기, 여행 일수, 예산을 구체적으로 계획하고 출발해야 한다.
- 문화적 충격에 대비한다 : 문화적 충격은 자기 나라를 떠나 모든 것이 생소한 환경에서 생활할 때 일어나는 정신적 혼란이다. 여러 나라의 역사, 문화, 교육 환경, 음식, 기후, 생활 패턴을 사전에 숙지해야 한다. 특히 그 나라의 언어는 현지에서 배우는 게 당연하지만, 국내에서 미리 익혀두면 열 배 이상 즐거움과 행복을 얻을 수 있다.
- 영어공부를 충분히 한 뒤에 떠나자 : 그 나라의 문화를 왜곡되지 않고 진실하게 체험하려면 그 나라의 언어를 습득하는 것이 가장 좋다.

호주 지도

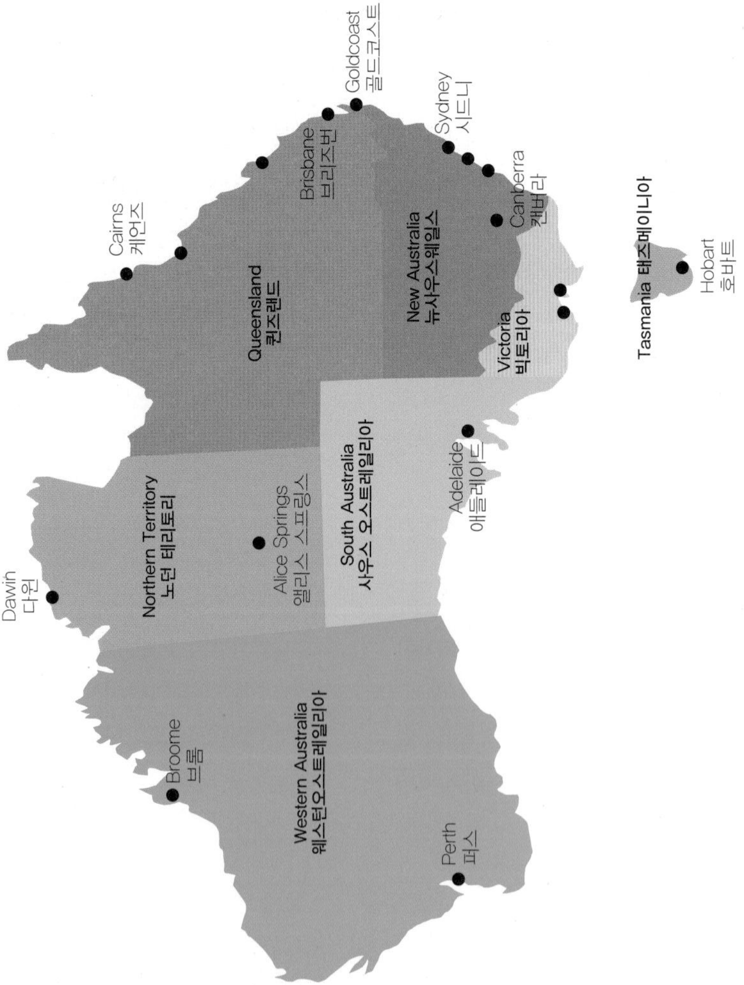
Goldcoast 골드코스트
Sydney 시드니
Brisbane 브리즈번
Canberra 캔버라
Cairns 케언즈
Tasmania 태즈메이니아
Hobart 호바트
Queensland 퀸즈랜드
New Australia 뉴사우스웨일스
Victoria 빅토리아
South Australia 사우스 오스트레일리아
Adelaide 애들레이드
Northern Territory 노던 테리토리
Alice Springs 앨리스 스프링스
Dawin 다윈
Western Australia 웨스턴오스트레일리아
Broome 브룸
Perth 퍼스

지하철 노선도

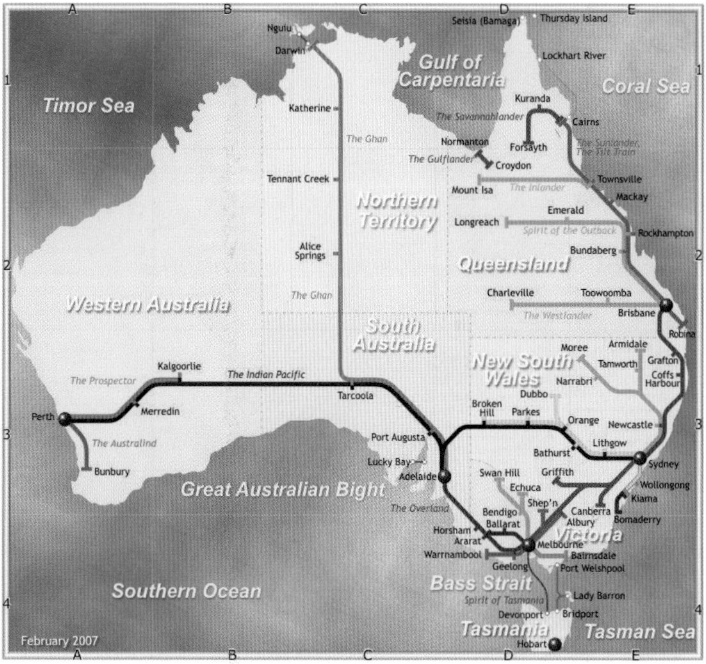
Timor Sea
Gulf of Carpentaria
Coral Sea
Northern Territory
Queensland
Western Australia
South Australia
New South Wales
Victoria
Great Australian Bight
Southern Ocean
Bass Strait
Tasmania
Tasman Sea
Seisia (Bamaga)
Thursday Island
Lockhart River
Nguiu
Darwin
Katherine
The Ghan
Tennant Creek
Alice Springs
Kuranda
The Savannahlander
Cairns
Normanton
Forsayth
The Gulflander
Croydon
The Sunlander, The Tilt Train
Mount Isa
The Inlander
Townsville
Mackay
Emerald
Longreach
Spirit of the Outback
Rockhampton
Bundaberg
Charleville
Toowoomba
The Westlander
Brisbane
Robina
Armidale
Moree
Tamworth
Grafton
Narrabri
Coffs Harbour
Dubbo
Kalgoorlie
The Indian Pacific
The Prospector
Tarcoola
Broken Hill
Parkes
Perth
Merredin
Orange
Newcastle
The Australind
Port Augusta
Bathurst
Lithgow
Sydney
Bunbury
Lucky Bay
Adelaide
Swan Hill
Griffith
Echuca
Wollongong
Kiama
Shep'n
The Overland
Bendigo
Canberra
Bomaderry
Albury
Ballarat
Horsham
Ararat
Melbourne
Warrnambool
Bairnsdale
Geelong
Port Welshpool
Spirit of Tasmania
Lady Barron
Devonport
Bridport
Hobart
February 2007

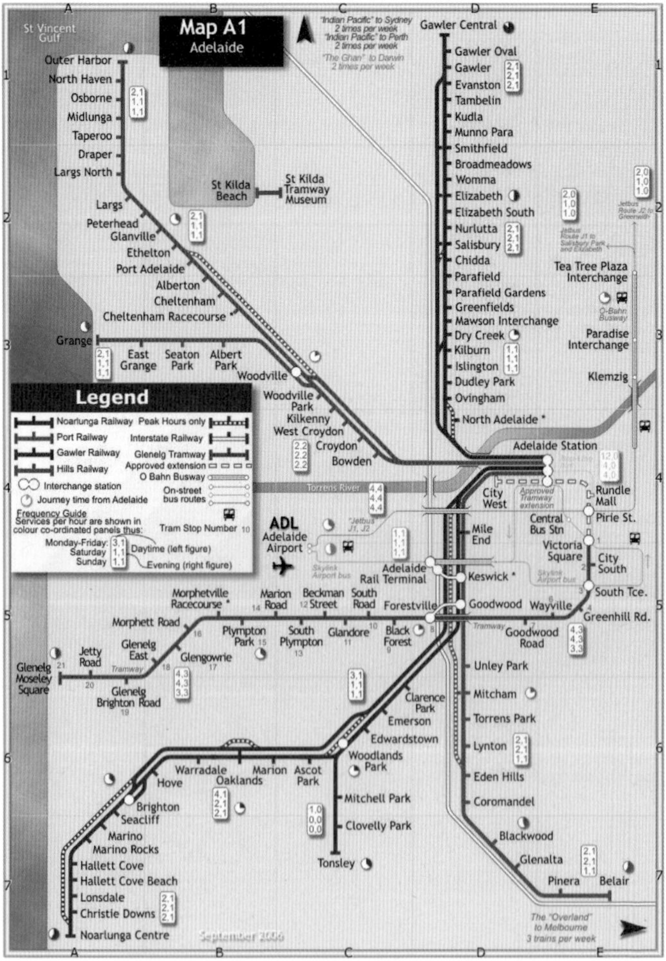
Map A1
Adelaide
St Vincent Gulf
"Indian Pacific" to Sydney 2 times per week
"Indian Pacific" to Perth 2 times per week
"The Ghan" to Darwin 2 times per week
Outer Harbor
North Haven
Osborne
Midlunga
Taperoo
Draper
Largs North
Largs
Peterhead
Glanville
Ethelton
Port Adelaide
Alberton
Cheltenham
Cheltenham Racecourse
St Kilda Beach
St Kilda Tramway Museum
Grange
East Grange
Seaton Park
Albert Park
Woodville
Woodville Park
Kilkenny
West Croydon
Croydon
Bowden
Gawler Central
Gawler Oval
Gawler
Evanston
Tambelin
Kudla
Munno Para
Smithfield
Broadmeadows
Womma
Elizabeth
Elizabeth South
Nurlutta
Salisbury
Chidda
Parafield
Parafield Gardens
Greenfields
Mawson Interchange
Dry Creek
Kilburn
Islington
Dudley Park
Ovingham
North Adelaide *
Adelaide Station
Tea Tree Plaza Interchange
O-Bahn Busway
Paradise Interchange
Klemzig
Torrens River
Legend
Noarlunga Railway
Port Railway
Gawler Railway
Hills Railway
Peak Hours only
Interstate Railway
Glenelg Tramway
Approved extension
O Bahn Busway
Interchange station
Journey time from Adelaide
On-street bus routes
Frequency Guide
Services per hour are shown in colour co-ordinated panels thus:
Tram Stop Number
Monday-Friday
Saturday
Sunday
Daytime (left figure)
Evening (right figure)
ADL
Adelaide Airport
"Jetbus" J1, J2
Skylink Airport bus
City West
Approved Tramway extension
Rundle Mall
Pirie St.
Central Bus Stn
Victoria Square
City South
South Tce.
Greenhill Rd.
Mile End
Adelaide Rail Terminal
Keswick *
Goodwood
Wayville
Forestville
Goodwood Road
Morphetville Racecourse *
Marion Road
Beckman Street
South Road
Morphett Road
Plympton Park
South Plympton
Glandore
Black Forest
Glenelg East
Jetty Road
Glenelg Moseley Square
Glengowrie
Glenelg Brighton Road
Tramway
Unley Park
Mitcham
Torrens Park
Lynton
Eden Hills
Coromandel
Blackwood
Glenalta
Pinera
Belair
Clarence Park
Emerson
Edwardstown
Woodlands Park
Mitchell Park
Clovelly Park
Tonsley
Warradale
Oaklands
Marion
Ascot Park
Hove
Brighton
Seacliff
Marino
Marino Rocks
Hallett Cove
Hallett Cove Beach
Lonsdale
Christie Downs
Noarlunga Centre
The "Overland" to Melbourne 3 trains per week
September 2006

중앙생활사 Joongang Life Publishing Co.
중앙경제평론사 | 중앙에듀북스 Joongang Economy Publishing Co./Joongang Edubooks Publishing Co.

중앙생활사는 건강한 생활, 행복한 삶을 일군다는 신념 아래 설립된 건강 · 실용서 전문 출판사로서
치열한 생존경쟁에 심신이 지친 현대인에게 건강과 생활의 지혜를 주는 책을 발간하고 있습니다.

호주 혼자 떠나도 괜찮아

초판 1쇄 발행 | 2016년 1월 28일
초판 2쇄 발행 | 2017년 11월 15일

지은이 | 오세종(SeJong Oh)
펴낸이 | 최점옥(JeomOg Choi)
펴낸곳 | 중앙생활사(Joongang Life Publishing Co.)

대 표 | 김용주
책임편집 | 김가현
본문디자인 | 박근영

출력 | 현문자현 종이 | 한솔PNS 인쇄 · 제본 | 현문자현

잘못된 책은 구입한 서점에서 교환해드립니다.
가격은 표지 뒷면에 있습니다.

ISBN 978-89-6141-173-8(03980)

등록 | 1999년 1월 16일 제2-2730호
주소 | ㊅04590 서울시 중구 다산로20길 5(신당4동 340-128) 중앙빌딩
전화 | (02)2253-4463(代) 팩스 | (02)2253-7988
홈페이지 | www.japub.co.kr 블로그 | http://blog.naver.com/japub
페이스북 | https://www.facebook.com/japub.co.kr 이메일 | japub@naver.com
♣ 중앙생활사는 중앙경제평론사 · 중앙에듀북스와 자매회사입니다.

※ 이 도서의 국립중앙도서관 출판시도서목록(CIP)은 서지정보유통지원시스템 홈페이지(http://seoji.nl.go.kr)와
국가자료공동목록시스템(http://www.nl.go.kr/kolisnet)에서 이용하실 수 있습니다.(CIP제어번호:CIP2016000179)